RECUEIL

DE

DÉCOMPTES DE TRAITEMENTS D'ACTIVITÉ,

A L'USAGE DES ADMINISTRATIONS FINANCIÈRES,

PAR D.RÉ GAYET,

Chargé du service de la comptabilité des Douanes, au bureau de Nantes.

2.e *Édition, augmentée.*

NANTES,

IMPRIMERIE DE M.me VEUVE CAMILLE MELLINET.

1846.

AVERTISSEMENT.

Pour répondre à l'appréciation flatteuse que l'on a faite de ce recueil, dont l'utilité est désormais reconnue, l'auteur a cru devoir ajouter 32 nouveaux tableaux à cette 2.e édition, dans l'espoir de satisfaire ses souscripteurs.

Ce recueil, dont les calculs sont établis d'après les règles tracées par la circulaire du ministre des finances du 20 janvier 1840, et celle de la comptabilité générale du 15 février suivant, est composé d'un tableau synoptique relatif aux premiers douzièmes des augmentations prévues, et de deux tableaux, par chaque traitement, l'un à consulter en cas de vacance, et l'autre en cas de congé.

La contexture de ces tableaux est assez explicative pour qu'aucun employé n'éprouve de difficultés dans l'application qui pourra en être faite : toutefois, j'ai pensé que la citation d'un exemple compliqué servirait peut-être à éclairer ceux qui n'ont pas l'habitude de ces sortes d'opérations.

On demande donc la part afférente au Trésor, aux retraites et à l'employé, à 800 francs de traitement annuel, qui, ayant reçu une augmentation de 100 francs à partir du 1.er d'un mois, profite d'un congé à dater de la même époque, et meurt le 24 du même mois (pendant la durée de son congé) ?

(Si l'employé décédé n'est remplacé que le mois suivant, il faut opérer sur 6 jours de vacance et 24 jours d'activité.)

Le traitement brut par mois est de.................... 66 f. 66 c.

Prélèvements à effectuer sur 66 fr. 66 c.

AU PROFIT DU TRÉSOR :

6 jours de vacance. (Cherchez le chiffre correspondant à ce nombre, au tableau n.° 2.).................... 13 f. 33 c.

AU PROFIT DE LA CAISSE DES RETRAITES :

5 pour °/₀ sur 24 jours d'activité. (Prenez, sur le même tableau n.° 2, le chiffre correspondant au nombre de jours d'activité 24.)...... 2 f. 67 c.

Sur 24 jours de congé. (Voyez le tableau n.° 1.er, et prenez la somme attribuée aux retraites pour 12 jours.) 25 33

Le premier douzième d'une augmentation annuelle de 100 fr., calculé sur 12 jours de solde entière, * donnera.................... 3 17

(Total des retraites : 31 17 ; total des prélèvements : 44 50)

Ainsi, lorsque plusieurs retenues frappent à la fois le même traitement, la somme nette à payer à l'employé est la différence qui résulte du total de ces retenues, soustraites du traitement brut par mois, ci.............................. 22 f. 16 c.

Mais, si le traitement ne subit qu'un prélèvement par suite de congé ou par suite de vacance, la somme nette à payer à l'employé est indiquée dans la dernière colonne de chaque tableau.

* On voit par cet exemple, résultant d'ailleurs des dispositions contenues dans la circulaire précitée, que le premier douzième d'augmentation ne se prélève que sur le nombre de jours de solde entière revenant au titulaire de l'emploi, sauf à retenir sur le mois suivant, si l'employé est encore en activité de service, le complément de ce premier douzième de l'augmentation annuelle.

TABLEAU INDICATIF DES PRÉLÈVEMENTS

TABLEAU INDICATIF DES PRÉLÈVEMENTS

A effectuer au profit de la Caisse des Retraites pour le 1.er douzième, calculé par jour et par demi-jour, des augmentations ci-après :

NOMBRE de JOURS.	PREMIER DOUZIÈME. DÉDUCTION FAITE DE LA RETENUE DE 5 POUR %, D'UNE AUGMENTATION ANNUELLE DE								
	50 FR.	100 FR.	200 FR.	300 FR.	400 FR.	500 FR.	600 FR.	1000 FR.	2000 FR.
	fr. c.	fr. c.	fr. c.	fr. c.	fr. c.	fr. c.	fr. c.	fr. c.	fr. c.
» 1/2	» 07	» 14	» 27	» 40	» 53	» 66	» 80	1 32	2 64
1 »	» 14	» 27	» 53	» 80	1 06	1 32	1 59	2 64	5 28
1 1/2	» 20	» 40	» 80	1 19	1 59	1 98	2 38	3 96	7 92
2 »	» 27	« 53	1 06	1 59	2 12	2 64	3 17	5 28	10 56
2 1/2	» 33	» 66	1 32	1 98	2 64	3 30	3 96	6 60	13 20
3 »	» 40	» 80	1 59	2 38	3 17	3 96	4 75	7 92	15 84
3 1/2	» 47	» 93	1 85	2 78	3 70	4 62	5 55	9 24	18 48
4 »	» 53	1 06	2 12	3 17	4 23	5 28	6 34	10 56	21 12
4 1/2	» 60	1 19	2 38	3 57	4 75	5 94	7 13	11 88	23 75
5 »	» 66	1 32	2 64	3 96	5 28	6 60	7 92	13 20	26 39
5 1/2	» 73	1 46	2 91	4 36	5 81	7 26	8 71	14 52	29 03
6 »	» 80	1 59	3 17	4 75	6 34	7 92	9 50	15 84	31 67
6 1/2	» 86	1 72	3 44	5 15	6 87	8 58	10 30	17 16	34 31
7 »	» 93	1 85	3 70	5 55	7 39	9 24	11 09	18 48	36 95
7 1/2	» 99	1 98	3 96	5 94	7 92	9 90	11 88	19 80	39 59
8 »	1 06	2 12	4 23	6 34	8 45	10 56	12 67	21 12	42 23
8 1/2	1 13	2 25	4 49	6 73	8 98	11 22	13 46	22 44	44 87
9 »	1 19	2 38	4 75	7 13	9 50	11 88	14 25	23 75	47 50
9 1/2	1 26	2 51	5 02	7 53	10 03	12 54	15 05	25 07	50 14
10 »	1 32	2 64	5 28	7 92	10 56	13 20	15 84	26 39	52 78
10 1/2	1 39	2 78	5 55	8 32	11 09	13 86	16 63	27 71	55 42
11 »	1 46	2 91	5 81	8 71	11 62	14 52	17 42	29 03	58 06
11 1/2	1 52	3 04	6 07	9 11	12 14	15 18	18 21	30 35	60 70
12 »	1 59	3 17	6 34	9 50	12 67	15 84	19 »	31 67	63 34
12 1/2	1 65	3 30	6 60	9 90	13 20	16 50	19 80	32 99	65 98
13 »	1 72	3 44	6 87	10 30	13 73	17 16	20 59	34 31	68 62
13 1/2	1 79	3 57	7 13	10 69	14 25	17 82	21 38	35 63	71 25
14 »	1 85	3 70	7 39	11 09	14 78	18 48	22 17	36 95	73 89
14 1/2	1 92	3 83	7 66	11 48	15 31	19 14	22 96	38 27	76 53
15 »	1 98	3 96	7 92	11 88	15 84	19 80	23 75	39 59	79 17
15 1/2	2 05	4 10	8 19	12 28	16 37	20 46	24 55	40 91	81 81
16 »	2 12	4 23	8 45	12 67	16 89	21 12	25 34	42 23	84 45
16 1/2	2 18	4 36	8 71	13 07	17 42	21 78	26 13	43 55	87 09
17 »	2 25	4 49	8 98	13 46	17 95	22 44	26 92	44 87	89 73
17 1/2	2 31	4 62	9 24	13 86	18 48	23 10	27 71	46 19	92 37
18 »	2 38	4 75	9 50	14 25	19 »	23 75	28 50	47 50	95 »
18 1/2	2 45	4 89	9 77	14 65	19 53	24 41	29 30	48 82	97 64
19 »	2 51	5 02	10 03	15 05	20 06	25 07	30 09	50 14	100 28
19 1/2	2 58	5 15	10 30	15 44	20 59	25 73	30 88	51 46	102 92
20 »	2 64	5 28	10 56	15 84	21 12	26 39	31 67	52 78	105 56
20 1/2	2 71	5 41	10 82	16 23	21 64	27 05	32 46	54 10	108 20
21 »	2 78	5 55	11 09	16 63	22 17	27 71	33 25	55 42	110 84
21 1/2	2 84	5 68	11 35	17 03	22 70	28 37	34 05	56 74	113 48
22 »	2 91	5 81	11 62	17 42	23 23	29 03	34 84	58 06	116 12
22 1/2	2 97	5 94	11 88	17 82	23 75	29 69	35 63	59 38	118 75
23 »	3 04	6 07	12 14	18 21	24 28	30 35	36 42	60 70	121 39
23 1/2	3 11	6 21	12 41	18 61	24 81	31 01	37 21	62 02	124 03
24 »	3 17	6 34	12 67	19 »	25 34	31 67	38 »	63 34	126 67
24 1/2	3 24	6 47	12 94	19 40	25 87	32 33	38 80	64 66	129 31
25 »	3 30	6 60	13 20	19 80	26 39	32 99	39 59	65 98	131 95
25 1/2	3 37	6 73	13 46	20 19	26 92	33 65	40 38	67 30	134 59
26 »	3 44	6 87	13 73	20 59	27 45	34 31	41 17	68 62	137 23
26 1/2	3 50	7 »	13 99	20 98	27 98	34 97	41 96	69 94	139 87
27 »	3 57	7 13	14 25	21 38	28 50	35 63	42 75	71 25	142 50
27 1/2	3 63	7 26	14 52	21 78	29 03	36 29	43 55	72 57	145 14
28 »	3 70	7 39	14 78	22 17	29 56	36 95	44 34	73 89	147 78
28 1/2	3 77	7 53	15 05	22 57	30 09	37 61	45 13	75 21	150 42
29 »	3 83	7 66	15 31	22 96	39 62	38 27	45 92	76 53	153 06
29 1/2	3 90	7 79	15 57	23 36	31 14	38 93	46 71	77 85	155 70
30 »	3 96	7 92	15 84	23 75	31 67	39 59	47 59	79 17	158 34

Traitement annuel de 300 francs.

1.er TABLEAU.

Décompte du Traitement en cas de congé.

NOMBRE DE JOURS pendant lesquels l'employé est resté en congé.	AUX RETRAITES. — Moitié du traitement net pendant la durée du congé.		TRAITEMENT net revenant au titulaire.	
	Nombre de jours.	Montant des retenues.	Nombre de jours.	Montant des sommes.
»	» »	» »	30 »	23 75
1	» 1/2	» 40	29 1/2	23 35
2	1 »	» 80	29 »	22 95
3	1 1/2	1 19	28 1/2	22 56
4	2 »	1 59	28 »	22 16
5	2 1/2	1 98	27 1/2	21 77
6	3 »	2 38	27 »	21 37
7	3 1/2	2 78	26 1/2	20 97
8	4 »	3 17	26 »	20 58
9	4 1/2	3 57	25 1/2	20 18
10	5 »	3 96	25 »	19 79
11	5 1/2	4 36	24 1/2	19 39
12	6 »	4 75	24 »	19 »
13	6 1/2	5 15	23 1/2	18 60
14	7 »	5 55	23 »	18 20
15	7 1/2	5 94	22 1/2	17 81
16	8 »	6 34	22 »	17 41
17	8 1/2	6 73	21 1/2	17 02
18	9 »	7 13	21 »	16 62
19	9 1/2	7 53	20 1/2	16 22
20	10 »	7 92	20 »	15 83
21	10 1/2	8 32	19 1/2	15 43
22	11 »	8 71	19 »	15 04
23	11 1/2	9 11	18 1/2	14 64
24	12 »	9 50	18 »	14 25
25	12 1/2	9 90	17 1/2	13 85
26	13 »	10 30	17 »	13 45
27	13 1/2	10 69	16 1/2	13 06
28	14 »	11 09	16 »	12 66
29	14 1/2	11 48	15 1/2	12 27
30	15 »	11 88	15 »	11 87

2.e TABLEAU.

Décompte du Traitement en cas de vacance.

AU TRÉSOR. — Traitement brut de l'emploi vacant.		AUX RETRAITES. — 5 pour 100 sur le nombre de jours d'activité.		TRAITEMENT net revenant au titulaire.	
Nombre de jours de vacance.	Montant de la vacance.	Nombre de jours d'activité.	Montant des retenues.	Nombre de jours d'activité.	Montant des sommes.
»	» »	30	1 25	30	23 75
1	» 84	29	1 21	29	22 95
2	1 67	28	1 17	28	22 16
3	2 50	27	1 13	27	21 37
4	3 34	26	1 09	26	20 57
5	4 17	25	1 05	25	19 78
6	5 »	24	1 »	24	19 »
7	5 84	23	» 96	23	18 20
8	6 67	22	» 92	22	17 41
9	7 50	21	» 88	21	16 62
10	8 34	20	» 84	20	15 82
11	9 17	19	» 80	19	15 03
12	10 »	18	» 75	18	14 25
13	10 84	17	» 71	17	13 45
14	11 67	16	» 67	16	12 66
15	12 50	15	» 63	15	11 87
16	13 34	14	» 59	14	11 07
17	14 17	13	» 55	13	10 28
18	15 »	12	» 50	12	9 50
19	15 84	11	» 46	11	8 70
20	16 67	10	» 42	10	7 91
21	17 50	9	» 38	9	7 12
22	18 34	8	» 34	8	6 32
23	19 17	7	» 30	7	5 53
24	20 »	6	» 25	6	4 75
25	20 84	5	» 21	5	3 95
26	21 67	4	» 17	4	3 16
27	22 50	3	» 13	3	2 37
28	23 34	2	» 09	2	1 57
29	24 17	1	» 05	1	» 78
30	25 »	»	» »	»	» »

Traitement annuel de 325 francs.

1.er TABLEAU.

Décompte du Traitement en cas de congé.

NOMBRE DE JOURS pendant lesquels l'employé est resté en congé.	AUX RETRAITES. — Moitié du traitement net pendant la durée du congé.		TRAITEMENT net revenant au titulaire.	
	Nombre de jours.	Montant des retenues.	Nombre de jours.	Montant des sommes.
»	» »	» »	30 »	25 72
1	» 1/2	» 43	29 1/2	25 29
2	1 »	» 86	29 »	24 86
3	1 1/2	1 29	28 1/2	24 43
4	2 »	1 72	28 »	24 »
5	2 1/2	2 15	27 1/2	23 57
6	3 »	2 58	27 »	23 14
7	3 1/2	3 01	26 1/2	22 71
8	4 »	3 43	26 »	22 29
9	4 1/2	3 86	25 1/2	21 86
10	5 »	4 29	25 »	21 43
11	5 1/2	4 72	24 1/2	21 »
12	6 »	5 15	24 »	20 57
13	6 1/2	5 58	23 1/2	20 14
14	7 »	6 01	23 »	19 71
15	7 1/2	6 43	22 1/2	19 29
16	8 »	6 84	22 »	18 88
17	8 1/2	7 29	21 1/2	18 43
18	9 »	7 72	21 »	18 »
19	9 1/2	8 15	20 1/2	17 57
20	10 »	8 58	20 »	17 14
21	10 1/2	9 01	19 1/2	16 71
22	11 »	9 44	19 »	16 28
23	11 1/2	9 86	18 1/2	15 86
24	12 »	10 29	18 »	15 43
25	12 1/2	10 72	17 1/2	15 »
26	13 »	11 15	17 »	14 57
27	13 1/2	11 58	16 1/2	14 14
28	14 »	12 01	16 »	13 71
29	14 1/2	12 44	15 1/2	13 28
30	15 »	12 86	15 »	12 86

2.e TABLEAU.

Décompte du Traitement en cas de vacance.

AU TRÉSOR. — Traitement brut de l'emploi vacant.		AUX RETRAITES. — 5 pour 100 sur le nombre de jours d'activité.		TRAITEMENT net revenant au titulaire.	
Nombre de jours de vacance.	Montant de la vacance.	Nombre de jours d'activité.	Montant des retenues.	Nombre de jours d'activité.	Montant des sommes.*
»	» »	30	1 36	30	25 72
1	» 90	29	1 31	29	24 87
2	1 81	28	1 27	28	24 »
3	2 71	27	1 22	27	23 15
4	3 61	26	1 18	26	22 29
5	4 52	25	1 13	25	21 43
6	5 42	24	1 09	24	20 57
7	6 32	23	1 04	23	19 72
8	7 22	22	1 »	22	18 86
9	8 13	21	» 95	21	18 »
10	9 03	20	» 91	20	17 14
11	9 93	19	» 86	19	16 29
12	10 83	18	» 82	18	15 43
13	11 74	17	» 77	17	14 57
14	12 64	16	» 73	16	13 71
15	13 54	15	» 68	15	12 86
16	14 45	14	» 64	14	11 99
17	15 35	13	» 59	13	11 14
18	16 25	12	» 55	12	10 28
19	17 15	11	» 50	11	9 43
20	18 06	10	» 46	10	8 56
21	18 96	9	» 41	9	7 71
22	19 86	8	» 37	8	6 85
23	20 77	7	» 32	7	5 99
24	21 67	6	» 28	6	5 13
25	22 57	5	» 23	5	4 28
26	23 47	4	» 19	4	3 42
27	24 38	3	» 14	3	2 56
28	25 28	2	» 09	2	1 71
29	26 18	1	» 05	1	» 85
30	27 08	»	» »	»	» »

Traitement annuel de 600 francs.

1.er TABLEAU.

Décompte du Traitement en cas de congé.

NOMBRE DE JOURS pendant lesquels l'employé est resté en congé.	AUX RETRAITES. — Moitié du traitement net pendant la durée du congé.		TRAITEMENT net revenant au titulaire.	
	Nombre de jours.	Montant des retenues.	Nombre de jours.	Montant des sommes.
»	» »	» »	30 »	47 50
1	» 1/2	» 80	29 1/2	46 70
2	1 »	1 59	29 »	45 91
3	1 1/2	2 38	28 1/2	45 12
4	2 »	3 17	28 »	44 33
5	2 1/2	3 96	27 1/2	43 54
6	3 »	4 75	27 »	42 75
7	3 1/2	5 55	26 1/2	41 95
8	4 »	6 34	26 »	41 16
9	4 1/2	7 13	25 1/2	40 37
10	5 »	7 92	25 »	39 58
11	5 1/2	8 71	24 1/2	38 79
12	6 »	9 50	24 »	38 »
13	6 1/2	10 30	23 1/2	37 20
14	7 »	11 09	23 »	36 41
15	7 1/2	11 88	22 1/2	35 62
16	8 »	12 67	22 »	34 83
17	8 1/2	13 46	21 1/2	34 04
18	9 »	14 25	21 »	33 25
19	9 1/2	15 05	20 1/2	32 45
20	10 »	15 84	20 »	31 66
21	10 1/2	16 63	19 1/2	30 87
22	11 »	17 42	19 »	30 08
23	11 1/2	18 21	18 1/2	29 29
24	12 »	19 »	18 »	28 50
25	12 1/2	19 80	17 1/2	27 70
26	13 »	20 59	17 »	26 91
27	13 1/2	21 38	16 1/2	26 12
28	14 »	22 17	16 »	25 33
29	14 1/2	22 96	15 1/2	24 54
30	15 »	23 75	15 »	23 75

2.e TABLEAU.

Décompte du Traitement en cas de vacance.

AU TRÉSOR. — Traitement brut de l'emploi vacant.		AUX RETRAITES. — 5 pour 100 sur le nombre de jours d'activité.		TRAITEMENT net revenant au titulaire.	
Nombre de jours de vacance.	Montant de la vacance.	Nombre de jours d'activité.	Montant des retenues.	Nombre de jours d'activité.	Montant des sommes.
»	» »	30	2 50	30	47 50
1	1 67	29	2 42	29	45 91
2	3 34	28	2 34	28	44 32
3	5 »	27	2 25	27	42 75
4	6 67	26	2 17	26	41 16
5	8 34	25	2 09	25	39 57
6	10 »	24	2 »	24	38 »
7	11 67	23	1 92	23	36 41
8	13 34	22	1 84	22	34 82
9	15 »	21	1 75	21	33 25
10	16 67	20	1 67	20	31 66
11	18 34	19	1 59	19	30 07
12	20 »	18	1 50	18	28 50
13	21 67	17	1 42	17	26 91
14	23 34	16	1 34	16	25 32
15	25 »	15	1 25	15	23 75
16	26 67	14	1 17	14	22 16
17	28 34	13	1 09	13	20 57
18	30 »	12	1 »	12	19 »
19	31 67	11	» 92	11	17 41
20	33 34	10	» 84	10	15 82
21	35 »	9	» 75	9	14 25
22	36 67	8	» 67	8	12 66
23	38 34	7	» 59	7	11 07
24	40 »	6	» 50	6	9 50
25	41 67	5	» 42	5	7 91
26	43 34	4	» 34	4	6 32
27	45 »	3	» 25	3	4 75
28	46 67	2	» 17	2	3 16
29	48 34	1	» 09	1	1 57
30	50 »	»	» »	»	» »

Traitement annuel de 650 francs.

1.er TABLEAU.

Décompte du Traitement en cas de congé.

NOMBRE DE JOURS pendant lesquels l'employé est resté en congé.	AUX RETRAITES. — Moitié du traitement net pendant la durée du congé.		TRAITEMENT net revenant au titulaire.	
	Nombre de jours.	Montant des retenues.	Nombre de jours.	Montant des sommes.
»	» »	» »	30 »	51 45
1	» 1/2	» 86	29 1/2	50 59
2	1 »	1 72	29 »	49 73
3	1 1/2	2 58	28 1/2	48 87
4	2 »	3 43	28 »	48 02
5	2 1/2	4 29	27 1/2	47 16
6	3 »	5 15	27 »	46 30
7	3 1/2	6 01	26 1/2	45 44
8	4 »	6 86	26 »	44 59
9	4 1/2	7 72	25 1/2	43 73
10	5 »	8 58	25 »	42 87
11	5 1/2	9 44	24 1/2	42 01
12	6 »	10 29	24 »	41 16
13	6 1/2	11 15	23 1/2	40 30
14	7 »	12 01	23 »	39 44
15	7 1/2	12 87	22 1/2	38 58
16	8 »	13 72	22 »	37 73
17	8 1/2	14 58	21 1/2	36 87
18	9 »	15 44	21 »	36 01
19	9 1/2	16 30	20 1/2	35 15
20	10 »	17 15	20 »	34 30
21	10 1/2	18 01	19 1/2	33 44
22	11 »	18 87	19 »	32 58
23	11 1/2	19 73	18 1/2	31 72
24	12 »	20 58	18 »	30 87
25	12 1/2	21 44	17 1/2	30 01
26	13 »	22 30	17 »	29 15
27	13 1/2	23 16	16 1/2	28 29
28	14 »	24 01	16 »	27 44
29	14 1/2	24 87	15 1/2	26 58
30	15 »	25 73	15 »	25 72

2.e TABLEAU.

Décompte du Traitement en cas de vacance.

AU TRÉSOR. — Traitement brut de l'emploi vacant.		AUX RETRAITES. — 5 pour 100 sur le nombre de jours d'activité.		TRAITEMENT net revenant au titulaire.	
Nombre de jours de vacance.	Montant de la vacance.	Nombre de jours d'activité.	Montant des retenues.	Nombre de jours d'activité.	Montant des sommes.
»	» »	30	2 71	30	51 45
1	1 80	29	2 62	29	49 74
2	3 61	28	2 53	28	48 02
3	5 41	27	2 44	27	46 31
4	7 22	26	2 35	26	44 59
5	9 03	25	2 26	25	42 87
6	10 83	24	2 17	24	41 16
7	12 64	23	2 08	23	39 44
8	14 44	22	1 99	22	37 73
9	16 25	21	1 90	21	36 01
10	18 05	20	1 81	20	34 30
11	19 86	19	1 72	19	32 58
12	21 66	18	1 63	18	30 87
13	23 47	17	1 54	17	29 15
14	25 28	16	1 45	16	27 43
15	27 08	15	1 36	15	25 72
16	28 89	14	1 27	14	24 »
17	30 69	13	1 18	13	22 29
18	32 50	12	1 09	12	20 57
19	34 30	11	1 »	11	18 86
20	36 11	10	» 91	10	17 14
21	37 91	9	» 82	9	15 43
22	39 72	8	» 73	8	13 71
23	41 53	7	» 64	7	11 99
24	43 33	6	» 55	6	10 28
25	45 14	5	» 46	5	8 56
26	46 94	4	» 37	4	6 85
27	48 75	3	» 28	3	5 13
28	50 55	2	» 19	2	3 42
29	52 36	1	» 09	1	1 71
30	54 16	»	» »	»	» »

Traitement annuel de 700 francs.

1.er TABLEAU.

Décompte du Traitement en cas de congé.

NOMBRE DE JOURS pendant lesquels l'employé est resté en congé.	AUX RETRAITES. — Moitié du traitement net pendant la durée du congé.		TRAITEMENT net revenant au titulaire.	
	Nombre de jours.	Montant des retenues.	Nombre de jours.	Montant des sommes.
»	» »	» »	30 »	55 41
1	» 1/2	» 93	29 1/2	54 48
2	1 »	1 85	29 »	53 56
3	1 1/2	2 78	28 1/2	52 63
4	2 »	3 70	28 »	51 71
5	2 1/2	4 62	27 1/2	50 79
6	3 »	5 55	27 »	49 86
7	3 1/2	6 47	26 1/2	48 94
8	4 »	7 39	26 »	48 02
9	4 1/2	8 32	25 1/2	47 09
10	5 »	9 24	25 »	46 17
11	5 1/2	10 16	24 1/2	45 25
12	6 »	11 09	24 »	44 32
13	6 1/2	12 01	23 1/2	43 40
14	7 »	12 93	23 »	42 48
15	7 1/2	13 86	22 1/2	41 55
16	8 »	14 78	22 »	40 63
17	8 1/2	15 70	21 1/2	39 71
18	9 »	16 63	21 »	38 78
19	9 1/2	17 55	20 1/2	37 86
20	10 »	18 47	20 »	36 94
21	10 1/2	19 40	19 1/2	36 01
22	11 »	20 32	19 »	35 09
23	11 1/2	21 25	18 1/2	34 16
24	12 »	22 17	18 »	33 24
25	12 1/2	23 09	17 1/2	32 32
26	13 »	24 02	17 »	31 39
27	13 1/2	24 94	16 1/2	30 47
28	14 »	25 86	16 »	29 55
29	14 1/2	26 79	15 1/2	28 62
30	15 »	27 71	15 »	27 70

2.e TABLEAU.

Décompte du Traitement en cas de vacance.

AU TRÉSOR. — Traitement brut de l'emploi vacant.		AUX RETRAITES. — 5 pour 100 sur le nombre de jours d'activité.		TRAITEMENT net revenant au titulaire.	
Nombre de jours de vacance.	Montant de la vacance.	Nombre de jours d'activité.	Montant des retenues.	Nombre de jours d'activité.	Montant des sommes.
»	» »	30	2 92	30	55 41
1	1 95	29	2 82	29	53 56
2	3 89	28	2 73	28	51 71
3	5 83	27	2 63	27	49 87
4	7 78	26	2 53	26	48 02
5	9 72	25	2 44	25	46 17
6	11 67	24	2 34	24	44 32
7	13 61	23	2 24	23	42 48
8	15 56	22	2 14	22	40 63
9	17 50	21	2 05	21	38 78
10	19 45	20	1 95	20	36 93
11	21 39	19	1 85	19	35 09
12	23 33	18	1 75	18	33 25
13	25 28	17	1 66	17	31 39
14	27 22	16	1 56	16	29 55
15	29 17	15	1 46	15	27 70
16	31 11	14	1 37	14	25 85
17	33 06	13	1 27	13	24 »
18	35 »	12	1 17	12	22 16
19	36 95	11	1 07	11	20 31
20	38 89	10	» 98	10	18 46
21	40 83	9	» 88	9	16 62
22	42 78	8	» 78	8	14 77
23	44 72	7	» 69	7	12 92
24	46 67	6	» 59	6	11 07
25	48 61	5	» 49	5	9 23
26	50 56	4	» 39	4	7 38
27	52 50	3	» 30	3	5 53
28	54 45	2	» 20	2	3 68
29	56 39	1	» 10	1	1 84
30	58 33	»	» »	»	» »

Traitement annuel de 750 francs.

1.er TABLEAU.

Décompte du Traitement en cas de congé.

NOMBRE DE JOURS pendant lesquels l'employé est resté en congé.	AUX RETRAITES. — Moitié du traitement net pendant la durée du congé.		TRAITEMENT net revenant au titulaire.	
	Nombre de jours.	Montant des retenues.	Nombre de jours.	Montant des sommes.
»	» »	» »	30 »	59 37
1	» 1/2	» 99	29 1/2	58 38
2	1 »	1 98	29 »	57 39
3	1 1/2	2 97	28 1/2	56 40
4	2 »	3 96	28 »	55 41
5	2 1/2	4 95	27 1/2	54 42
6	3 »	5 94	27 »	53 43
7	3 1/2	6 93	26 1/2	52 44
8	4 »	7 92	26 »	51 45
9	4 1/2	8 91	25 1/2	50 46
10	5 »	9 90	25 »	49 47
11	5 1/2	10 89	24 1/2	48 48
12	6 »	11 88	24 »	47 49
13	6 1/2	12 87	23 1/2	46 50
14	7 »	13 86	23 »	45 51
15	7 1/2	14 85	22 1/2	44 52
16	8 »	15 84	22 »	43 53
17	8 1/2	16 83	21 1/2	42 54
18	9 »	17 82	21 »	41 55
19	9 1/2	18 81	20 1/2	40 56
20	10 »	19 79	20 »	39 58
21	10 1/2	20 78	19 1/2	38 59
22	11 »	21 77	19 »	37 60
23	11 1/2	22 76	18 1/2	36 61
24	12 »	23 75	18 »	35 62
25	12 1/2	24 74	17 1/2	34 63
26	13 »	25 73	17 »	33 64
27	13 1/2	26 72	16 1/2	32 65
28	14 »	27 71	16 »	31 66
29	14 1/2	28 70	15 1/2	30 67
30	15 »	29 69	15 »	29 68

2.e TABLEAU.

Décompte du Traitement en cas de vacance.

AU TRÉSOR. — Traitement brut de l'emploi vacant.		AUX RETRAITES. — 5 pour 100 sur le nombre de jours d'activité.		TRAITEMENT net revenant au titulaire.	
Nombre de jours de vacance.	Montant de la vacance.	Nombre de jours d'activité.	Montant des retenues.	Nombre de jours d'activité.	Montant des sommes.
»	» »	30	3 13	30	59 37
1	2 09	29	3 03	29	57 38
2	4 17	28	2 92	28	55 41
3	6 25	27	2 82	27	53 43
4	8 34	26	2 71	26	51 45
5	10 42	25	2 61	25	49 47
6	12 50	24	2 50	24	47 50
7	14 59	23	2 40	23	45 51
8	16 67	22	2 30	22	43 53
9	18 75	21	2 19	21	41 56
10	20 84	20	2 09	20	39 57
11	22 92	19	1 98	19	37 60
12	25 »	18	1 88	18	35 62
13	27 09	17	1 78	17	33 63
14	29 17	16	1 67	16	31 66
15	31 25	15	1 57	15	29 68
16	33 34	14	1 46	14	27 70
17	35 42	13	1 36	13	25 72
18	37 50	12	1 25	12	23 75
19	39 59	11	1 15	11	21 76
20	41 67	10	1 05	10	19 78
21	43 75	9	» 94	9	17 81
22	45 84	8	» 84	8	15 82
23	47 92	7	» 73	7	13 85
24	50 »	6	» 63	6	11 87
25	52 09	5	» 53	5	9 88
26	54 17	4	» 42	4	7 91
27	56 25	3	» 32	3	5 93
28	58 34	2	» 21	2	3 95
29	60 42	1	» 11	1	1 97
30	62 50	»	» »	»	» »

Traitement annuel de 800 francs.

1.er TABLEAU.

Décompte du Traitement en cas de congé.

NOMBRE DE JOURS pendant lesquels l'employé est resté en congé.	AUX RETRAITES. — Moitié du traitement net pendant la durée du congé.		TRAITEMENT net revenant au titulaire.	
	Nombre de jours.	Montant des retenues.	Nombre de jours.	Montant des sommes.
»	» »	» »	30 »	63 32
1	» 1/2	1 06	29 1/2	62 26
2	1 »	2 12	29 »	61 20
3	1 1/2	3 17	28 1/2	60 15
4	2 »	4 23	28 »	59 09
5	2 1/2	5 28	27 1/2	58 04
6	3 »	6 34	27 »	56 98
7	3 1/2	7 39	26 1/2	55 93
8	4 »	8 45	26 »	54 87
9	4 1/2	9 50	25 1/2	53 82
10	5 »	10 56	25 »	52 76
11	5 1/2	11 61	24 1/2	51 71
12	6 »	12 67	24 »	50 65
13	6 1/2	13 72	23 1/2	49 60
14	7 »	14 78	23 »	48 54
15	7 1/2	15 83	22 1/2	47 49
16	8 »	16 89	22 »	46 43
17	8 1/2	17 95	21 1/2	45 37
18	9 »	19 »	21 »	44 32
19	9 1/2	20 06	20 1/2	43 26
20	10 »	21 11	20 »	42 21
21	10 1/2	22 17	19 1/2	41 15
22	11 »	23 22	19 »	40 10
23	11 1/2	24 28	18 1/2	39 04
24	12 »	25 33	18 »	37 99
25	12 1/2	26 39	17 1/2	36 93
26	13 »	27 44	17 »	35 88
27	13 1/2	28 50	16 1/2	34 82
28	14 »	29 55	16 »	33 77
29	14 1/2	30 61	15 1/2	32 71
30	15 »	31 66	15 »	31 66

2.e TABLEAU.

Décompte du Traitement en cas de vacance.

AU TRÉSOR. — Traitement brut de l'emploi vacant.		AUX RETRAITES. — 5 pour 100 sur le nombre de jours d'activité.		TRAITEMENT net revenant au titulaire.	
Nombre de jours de vacance.	Montant de la vacance.	Nombre de jours d'activité.	Montant des retenues.	Nombre de jours d'activité.	Montant des sommes.
»	» »	30	3 34	30	63 32
1	2 22	29	3 23	29	61 21
2	4 44	28	3 12	28	59 10
3	6 66	27	3 »	27	57 »
4	8 89	26	2 89	26	54 88
5	11 11	25	2 78	25	52 77
6	13 33	24	2 67	24	50 66
7	15 55	23	2 56	23	48 55
8	17 78	22	2 45	22	46 43
9	20 »	21	2 34	21	44 32
10	22 22	20	2 23	20	42 21
11	24 44	19	2 12	19	40 10
12	26 66	18	2 »	18	38 »
13	28 89	17	1 89	17	35 88
14	31 11	16	1 78	16	33 77
15	33 33	15	1 67	15	31 66
16	35 55	14	1 56	14	29 55
17	37 78	13	1 45	13	27 43
18	40 »	12	1 34	12	25 32
19	42 22	11	1 23	11	23 21
20	44 44	10	1 12	10	21 10
21	46 66	9	1 »	9	19 »
22	48 89	8	» 89	8	16 88
23	51 11	7	» 78	7	14 77
24	53 33	6	» 67	6	12 66
25	55 55	5	» 56	5	10 55
26	57 78	4	» 45	4	8 43
27	60 »	3	» 34	3	6 32
28	62 22	2	» 23	2	4 21
29	64 44	1	» 12	1	2 10
30	66 66	»	» »	»	» »

Traitement annuel de 850 francs.

1.er TABLEAU.

Décompte du Traitement en cas de congé.

NOMBRE DE JOURS pendant lesquels l'employé est resté en congé.	AUX RETRAITES. — Moitié du traitement net pendant la durée du congé.		TRAITEMENT net revenant au titulaire.	
	Nombre de jours.	Montant des retenues.	Nombre de jours.	Montant des sommes.
»	» »	» »	30 »	67 28
1	» 1/2	1 13	29 1/2	66 15
2	1 »	2 25	29 »	65 03
3	1 1/2	3 37	28 1/2	63 91
4	2 »	4 49	28 »	62 79
5	2 1/2	5 61	27 1/2	61 67
6	3 »	6 73	27 »	60 55
7	3 1/2	7 85	26 1/2	59 43
8	4 »	8 98	26 »	58 30
9	4 1/2	10 10	25 1/2	57 18
10	5 »	11 22	25 »	56 06
11	5 1/2	12 34	24 1/2	54 94
12	6 »	13 46	24 »	53 82
13	6 1/2	14 58	23 1/2	52 70
14	7 »	15 70	23 »	51 58
15	7 1/2	16 82	22 1/2	50 46
16	8 »	17 95	22 »	49 33
17	8 1/2	19 07	21 1/2	48 21
18	9 »	20 19	21 »	47 09
19	9 1/2	21 31	20 1/2	45 97
20	10 »	22 43	20 »	44 85
21	10 1/2	23 55	19 1/2	43 73
22	11 »	24 67	19 »	42 61
23	11 1/2	25 80	18 1/2	41 48
24	12 »	26 92	18 »	40 36
25	12 1/2	28 04	17 1/2	39 24
26	13 »	29 16	17 »	38 12
27	13 1/2	30 28	16 1/2	37 »
28	14 »	31 40	16 »	35 88
29	14 1/2	32 52	15 1/2	34 76
30	15 »	33 64	15 »	33 64

2.e TABLEAU.

Décompte du Traitement en cas de vacance.

AU TRÉSOR. — Traitement brut de l'emploi vacant.		AUX RETRAITES. — 5 pour 100 sur le nombre de jours d'activité.		TRAITEMENT net revenant au titulaire.	
Nombre de jours de vacance.	Montant de la vacance.	Nombre de jours d'activité.	Montant des retenues.	Nombre de jours d'activité.	Montant des sommes.
»	» »	30	3 55	30	67 28
1	2 36	29	3 43	29	65 04
2	4 72	28	3 31	28	62 80
3	7 08	27	3 19	27	60 56
4	9 45	26	3 07	26	58 31
5	11 81	25	2 96	25	56 06
6	14 17	24	2 84	24	53 82
7	16 53	23	2 72	23	51 58
8	18 89	22	2 60	22	49 34
9	21 25	21	2 48	21	47 10
10	23 61	20	2 37	20	44 85
11	25 97	19	2 25	19	42 61
12	28 33	18	2 13	18	40 37
13	30 70	17	2 01	17	38 12
14	33 06	16	1 89	16	35 88
15	35 42	15	1 78	15	33 63
16	37 78	14	1 66	14	31 39
17	40 14	13	1 54	13	29 15
18	42 50	12	1 42	12	26 91
19	44 86	11	1 30	11	24 67
20	47 22	10	1 19	10	22 42
21	49 58	9	1 07	9	20 18
22	51 95	8	» 95	8	17 93
23	54 31	7	» 83	7	15 69
24	56 67	6	» 71	6	13 45
25	59 03	5	» 59	5	11 21
26	61 39	4	» 48	4	8 96
27	63 75	3	» 36	3	6 72
28	66 11	2	» 24	2	4 48
29	68 47	1	» 12	1	2 24
30	70 83	»	» »	»	» »

Traitement annuel de 900 francs.

1.er TABLEAU.

Décompte du Traitement en cas de congé.

NOMBRE DE JOURS pendant lesquels l'employé est resté en congé.	AUX RETRAITES. — Moitié du traitement net pendant la durée du congé.		TRAITEMENT net revenant au titulaire.	
	Nombre de jours.	Montant des retenues.	Nombre de jours.	Montant des sommes.
»	» »	» »	30 »	71 25
1	» 1/2	1 19	29 1/2	70 06
2	1 »	2 38	29 »	68 87
3	1 1/2	3 57	28 1/2	67 68
4	2 »	4 75	28 »	66 50
5	2 1/2	5 94	27 1/2	65 31
6	3 »	7 13	27 »	64 12
7	3 1/2	8 32	26 1/2	62 93
8	4 »	9 50	26 »	61 75
9	4 1/2	10 69	25 1/2	60 56
10	5 »	11 88	25 »	59 37
11	5 1/2	13 07	24 1/2	58 18
12	6 »	14 25	24 »	57 »
13	6 1/2	15 44	23 1/2	55 81
14	7 »	16 63	23 »	54 62
15	7 1/2	17 82	22 1/2	53 43
16	8 »	19 »	22 »	52 25
17	8 1/2	20 19	21 1/2	51 06
18	9 »	21 38	21 »	49 87
19	9 1/2	22 57	20 1/2	48 68
20	10 »	23 75	20 »	47 50
21	10 1/2	24 94	19 1/2	46 31
22	11 »	26 13	19 »	45 12
23	11 1/2	27 32	18 1/2	43 93
24	12 »	28 50	18 »	42 75
25	12 1/2	29 69	17 1/2	41 56
26	13 »	30 88	17 »	40 37
27	13 1/2	32 07	16 1/2	39 18
28	14 »	33 25	16 »	38 »
29	14 1/2	34 44	15 1/2	36 81
30	15 »	35 63	15 »	35 62

2.e TABLEAU.

Décompte du Traitement en cas de vacance.

AU TRÉSOR. — Traitement brut de l'emploi vacant.		AUX RETRAITES. — 5 pour 100 sur le nombre de jours d'activité.		TRAITEMENT net revenant au titulaire.	
Nombre de jours de vacance.	Montant de la vacance.	Nombre de jours d'activité.	Montant des retenues.	Nombre de jours d'activité.	Montant des sommes.
»	» »	30	3 75	30	71 25
1	2 50	29	3 63	29	68 87
2	5 »	28	3 50	28	66 50
3	7 50	27	3 38	27	64 12
4	10 »	26	3 25	26	61 75
5	12 50	25	3 13	25	59 37
6	15 »	24	3 »	24	57 »
7	17 50	23	2 88	23	54 62
8	20 »	22	2 75	22	52 25
9	22 50	21	2 63	21	49 87
10	25 »	20	2 50	20	47 50
11	27 50	19	2 38	19	45 12
12	30 »	18	2 25	18	42 75
13	32 50	17	2 13	17	40 37
14	35 »	16	2 »	16	38 »
15	37 50	15	1 88	15	35 62
16	40 »	14	1 75	14	33 25
17	42 50	13	1 63	13	30 87
18	45 »	12	1 50	12	28 50
19	47 50	11	1 38	11	26 12
20	50 »	10	1 25	10	23 75
21	52 50	9	1 13	9	21 37
22	55 »	8	1 »	8	19 »
23	57 50	7	» 88	7	16 62
24	60 »	6	» 75	6	14 25
25	62 50	5	» 63	5	11 87
26	65 »	4	» 50	4	9 50
27	67 50	3	» 38	3	7 12
28	70 »	2	» 25	2	4 75
29	72 50	1	» 13	1	2 37
30	75 »	»	» »	»	» »

Traitement annuel de 1000 francs.

1.er TABLEAU.

Décompte du Traitement en cas de congé.

NOMBRE DE JOURS pendant lesquels l'employé est resté en congé.	AUX RETRAITES. — Moitié du traitement net pendant la durée du congé.		TRAITEMENT net revenant au titulaire.	
	Nombre de jours.	Montant des retenues.	Nombre de jours.	Montant des sommes.
»	» »	» »	30 »	79 16
1	» 1/2	1 32	29 1/2	77 84
2	1 »	2 64	29 »	76 52
3	1 1/2	3 96	28 1/2	75 20
4	2 »	5 28	28 »	73 88
5	2 1/2	6 60	27 1/2	72 56
6	3 »	7 92	27 »	71 24
7	3 1/2	9 24	26 1/2	69 92
8	4 »	10 56	26 »	68 60
9	4 1/2	11 88	25 1/2	67 28
10	5 »	13 20	25 »	65 96
11	5 1/2	14 52	24 1/2	64 64
12	6 »	15 84	24 »	63 32
13	6 1/2	17 16	23 1/2	62 »
14	7 »	18 48	23 »	60 68
15	7 1/2	19 79	22 1/2	59 37
16	8 »	21 11	22 »	58 05
17	8 1/2	22 43	21 1/2	56 73
18	9 »	23 75	21 »	55 41
19	9 1/2	25 07	20 1/2	54 09
20	10 »	26 39	20 »	52 77
21	10 1/2	27 71	19 1/2	51 45
22	11 »	29 03	19 »	50 13
23	11 1/2	30 35	18 1/2	48 81
24	12 »	31 67	18 »	47 49
25	12 1/2	32 99	17 1/2	46 17
26	13 »	34 31	17 »	44 85
27	13 1/2	35 63	16 1/2	43 53
28	14 »	36 95	16 »	42 21
29	14 1/2	38 27	15 1/2	40 89
30	15 »	39 58	15 »	39 58

2.e TABLEAU.

Décompte du Traitement en cas de vacance.

AU TRÉSOR. — Traitement brut de l'emploi vacant.		AUX RETRAITES. — 5 pour 100 sur le nombre de jours d'activité.		TRAITEMENT net revenant au titulaire.	
Nombre de jours de vacance.	Montant de la vacance.	Nombre de jours d'activité.	Montant des retenues.	Nombre de jours d'activité.	Montant des sommes.
»	» »	30	4 17	30	79 16
1	2 78	29	4 03	29	76 52
2	5 56	28	3 89	28	73 88
3	8 33	27	3 75	27	71 25
4	11 11	26	3 62	26	68 60
5	13 89	25	3 48	25	65 96
6	16 67	24	3 34	24	63 32
7	19 45	23	3 20	23	60 68
8	22 22	22	3 06	22	58 05
9	25 »	21	2 92	21	55 41
10	27 78	20	2 78	20	52 77
11	30 56	19	2 64	19	50 13
12	33 33	18	2 50	18	47 50
13	36 11	17	2 37	17	44 85
14	38 89	16	2 23	16	42 21
15	41 67	15	2 09	15	39 57
16	44 45	14	1 95	14	36 93
17	47 22	13	1 81	13	34 30
18	50 »	12	1 67	12	31 66
19	52 78	11	1 53	11	29 02
20	55 56	10	1 39	10	26 38
21	58 33	9	1 25	9	23 75
22	61 11	8	1 12	8	21 10
23	63 89	7	» 98	7	18 46
24	66 67	6	» 84	6	15 82
25	69 45	5	» 70	5	13 18
26	72 22	4	» 56	4	10 55
27	75 »	3	» 42	3	7 91
28	77 78	2	» 28	2	5 27
29	80 56	1	» 14	1	2 63
30	83 33	»	» »	»	» »

Traitement annuel de 1100 francs.

1.er TABLEAU.

Décompte du Traitement en cas de congé.

NOMBRE DE JOURS pendant lesquels l'employé est resté en congé.	AUX RETRAITES. — Moitié du traitement net pendant la durée du congé.		TRAITEMENT net revenant au titulaire.	
	Nombre de jours.	Montant des retenues.	Nombre de jours.	Montant des sommes.
»	» »	» »	30 »	87 07
1	» 1/2	1 46	29 1/2	85 61
2	1 »	2 91	29 »	84 16
3	1 1/2	4 36	28 1/2	82 71
4	2 »	5 81	28 »	81 26
5	2 1/2	7 26	27 1/2	79 81
6	3 »	8 71	27 »	78 36
7	3 1/2	10 16	26 1/2	76 91
8	4 »	11 61	26 »	75 46
9	4 1/2	13 07	25 1/2	74 »
10	5 »	14 52	25 »	72 55
11	5 1/2	15 97	24 1/2	71 10
12	6 »	17 42	24 »	69 65
13	6 1/2	18 87	23 1/2	68 20
14	7 »	20 32	23 »	66 75
15	7 1/2	21 77	22 1/2	65 30
16	8 »	23 22	22 »	63 85
17	8 1/2	24 67	21 1/2	62 40
18	9 »	26 13	21 »	60 94
19	9 1/2	27 58	20 1/2	59 49
20	10 »	29 03	20 »	58 04
21	10 1/2	30 48	19 1/2	56 59
22	11 »	31 93	19 »	55 14
23	11 1/2	33 38	18 1/2	53 69
24	12 »	34 83	18 »	52 24
25	12 1/2	36 28	17 1/2	50 79
26	13 »	37 74	17 »	49 33
27	13 1/2	39 19	16 1/2	47 88
28	14 »	40 64	16 »	46 43
29	14 1/2	42 09	15 1/2	44 98
30	15 »	43 54	15 »	43 53

2.e TABLEAU.

Décompte du Traitement en cas de vacance.

AU TRÉSOR. — Traitement brut de l'emploi vacant.		AUX RETRAITES. — 5 pour 100 sur le nombre de jours d'activité.		TRAITEMENT net revenant au titulaire.	
Nombre de jours de vacance.	Montant de la vacance.	Nombre de jours d'activité.	Montant des retenues.	Nombre de jours d'activité.	Montant des sommes.
»	» »	30	4 59	30	87 07
1	3 05	29	4 44	29	84 17
2	6 11	28	4 28	28	81 27
3	9 16	27	4 13	27	78 37
4	12 22	26	3 98	26	75 46
5	15 28	25	3 82	25	72 56
6	18 33	24	3 67	24	69 66
7	21 39	23	3 52	23	66 75
8	24 44	22	3 37	22	63 85
9	27 50	21	3 21	21	60 95
10	30 55	20	3 06	20	58 05
11	33 61	19	2 91	19	55 14
12	36 66	18	2 75	18	52 25
13	39 72	17	2 60	17	49 34
14	42 78	16	2 45	16	46 43
15	45 83	15	2 30	15	43 53
16	48 89	14	2 14	14	40 63
17	51 94	13	1 99	13	37 73
18	55 »	12	1 84	12	34 82
19	58 05	11	1 69	11	31 92
20	61 11	10	1 53	10	29 02
21	64 16	9	1 38	9	26 12
22	67 22	8	1 23	8	23 21
23	70 28	7	1 07	7	20 31
24	73 33	6	» 92	6	17 41
25	76 39	5	» 77	5	14 50
26	79 44	4	» 62	4	11 60
27	82 50	3	» 46	3	8 70
28	85 55	2	» 31	2	5 80
29	88 61	1	» 16	1	2 89
30	91 66	»	» »	»	» »

Traitement annuel de 1200 francs.

1.er TABLEAU.

Décompte du Traitement en cas de congé.

NOMBRE DE JOURS pendant lesquels l'employé est resté en congé.	AUX RETRAITES. — Moitié du traitement net pendant la durée du congé.		TRAITEMENT net revenant au titulaire.	
	Nombre de jours.	Montant des retenues.	Nombre de jours.	Montant des sommes.
»	» »	» »	30 »	95 »
1	» 1/2	1 59	29 1/2	93 41
2	1 »	3 17	29 »	91 83
3	1 1/2	4 75	28 1/2	90 25
4	2 »	6 34	28 »	88 66
5	2 1/2	7 92	27 1/2	87 08
6	3 »	9 50	27 »	85 50
7	3 1/2	11 09	26 1/2	83 91
8	4 »	12 67	26 »	82 33
9	4 1/2	14 25	25 1/2	80 75
10	5 »	15 84	25 »	79 16
11	5 1/2	17 42	24 1/2	77 58
12	6 »	19 »	24 »	76 »
13	6 1/2	20 59	23 1/2	74 41
14	7 »	22 17	23 »	72 83
15	7 1/2	23 75	22 1/2	71 25
16	8 »	25 34	22 »	69 66
17	8 1/2	26 92	21 1/2	68 08
18	9 »	28 50	21 »	66 50
19	9 1/2	30 09	20 1/2	64 91
20	10 »	31 67	20 »	63 33
21	10 1/2	33 25	19 1/2	61 75
22	11 »	34 84	19 »	60 16
23	11 1/2	36 42	18 1/2	58 58
24	12 »	38 »	18 »	57 »
25	12 1/2	39 59	17 1/2	55 41
26	13 »	41 17	17 »	53 83
27	13 1/2	42 75	16 1/2	52 25
28	14 »	44 34	16 »	50 66
29	14 1/2	45 92	15 1/2	49 08
30	15 »	47 50	15 »	47 50

2.e TABLEAU.

Décompte du Traitement en cas de vacance.

AU TRÉSOR. — Traitement brut de l'emploi vacant.		AUX RETRAITES. — 5 pour 100 sur le nombre de jours d'activité.		TRAITEMENT net revenant au titulaire.	
Nombre de jours de vacance.	Montant de la vacance.	Nombre de jours d'activité.	Montant des retenues.	Nombre de jours d'activité.	Montant des sommes.
»	» »	30	5 »	30	95 »
1	3 34	29	4 84	29	91 82
2	6 67	28	4 67	28	88 66
3	10 »	27	4 50	27	85 50
4	13 34	26	4 34	26	82 32
5	16 67	25	4 17	25	79 16
6	20 »	24	4 »	24	76 »
7	23 34	23	3 84	23	72 82
8	26 67	22	3 67	22	69 66
9	30 »	21	3 50	21	66 50
10	33 34	20	3 34	20	63 32
11	36 67	19	3 17	19	60 16
12	40 »	18	3 »	18	57 »
13	43 34	17	2 84	17	53 82
14	46 67	16	2 67	16	50 66
15	50 »	15	2 50	15	47 50
16	53 34	14	2 34	14	44 32
17	56 67	13	2 17	13	41 16
18	60 »	12	2 »	12	38 »
19	63 34	11	1 84	11	34 82
20	66 67	10	1 67	10	31 66
21	70 »	9	1 50	9	28 50
22	73 34	8	1 34	8	25 32
23	76 67	7	1 17	7	22 16
24	80 »	6	1 »	6	19 »
35	83 34	5	» 84	5	15 82
26	86 67	4	» 67	4	12 66
27	90 »	3	» 50	3	9 50
28	93 34	2	» 34	2	6 32
29	96 67	1	» 17	1	3 16
30	100 »	»	» »	»	» »

Traitement annuel de 1250 francs.

1.er TABLEAU.

Décompte du Traitement en cas de congé.

NOMBRE DE JOURS pendant lesquels l'employé est resté en congé.	AUX RETRAITES. — Moitié du traitement net pendant la durée du congé. — Nombre de jours.	AUX RETRAITES. — Montant des retenues.	TRAITEMENT net revenant au titulaire. — Nombre de jours.	TRAITEMENT net revenant au titulaire. — Montant des sommes.
»	» »	» »	30 »	98 95
1	» 1/2	1 65	29 1/2	97 30
2	1 »	3 30	29 »	95 65
3	1 1/2	4 95	28 1/2	94 »
4	2 »	6 60	28 »	92 35
5	2 1/2	8 25	27 1/2	90 70
6	3 »	9 90	27 »	89 05
7	3 1/2	11 55	26 1/2	87 40
8	4 »	13 20	26 »	85 75
9	4 1/2	14 85	25 1/2	84 10
10	5 »	16 50	25 »	82 45
11	5 1/2	18 15	24 1/2	80 80
12	6 »	19 79	24 »	79 16
13	6 1/2	21 44	23 1/2	77 51
14	7 »	23 09	23 »	75 86
15	7 1/2	24 74	22 1/2	74 21
16	8 »	26 39	22 »	72 56
17	8 1/2	28 04	21 1/2	70 91
18	9 »	29 69	21 »	69 26
19	9 1/2	31 34	20 1/2	67 61
20	10 »	32 99	20 »	65 96
21	10 1/2	34 64	19 1/2	64 31
22	11 »	36 29	19 »	62 66
23	11 1/2	37 94	18 1/2	61 01
24	12 »	39 58	18 »	59 37
25	12 1/2	41 23	17 1/2	57 72
26	13 »	42 88	17 »	56 07
27	13 1/2	44 53	16 1/2	54 42
28	14 »	46 18	16 »	52 77
29	14 1/2	47 83	15 1/2	51 12
30	15 [illegible]	49 48	15 »	49 47

2.e TABLEAU.

Décompte du Traitement en cas de vacance.

AU TRÉSOR. — Traitement brut de l'emploi vacant. — Nombre de jours de vacance.	AU TRÉSOR. — Montant de la vacance.	AUX RETRAITES. — 5 pour 100 sur le nombre de jours d'activité. — Nombre de jours d'activité.	AUX RETRAITES. — Montant des retenues.	TRAITEMENT net revenant au titulaire. — Nombre de jours d'activité.	TRAITEMENT net revenant au titulaire. — Montant des sommes.
»	» »	30	5 21	30	98 95
1	3 47	29	5 04	29	95 65
2	6 94	28	4 87	28	92 35
3	10 41	27	4 69	27	89 06
4	13 89	26	4 52	26	85 75
5	17 36	25	4 34	25	82 46
6	20 83	24	4 17	24	79 16
7	24 30	23	4 »	23	75 86
8	27 78	22	3 82	22	72 56
9	31 25	21	3 65	21	69 26
10	34 72	20	3 48	20	65 96
11	38 19	19	3 30	19	62 67
12	41 66	18	3 13	18	59 37
13	45 14	17	2 96	17	56 06
14	48 61	16	2 78	16	52 77
15	52 08	15	2 61	15	49 47
16	55 55	14	2 44	14	46 17
17	59 03	13	2 26	13	42 87
18	62 50	12	2 09	12	39 57
19	65 97	11	1 91	11	36 28
20	69 44	10	1 74	10	32 98
21	72 91	9	1 57	9	29 68
22	76 39	8	1 39	8	26 38
23	79 86	7	1 22	7	23 08
24	83 33	6	1 05	6	19 78
25	86 80	5	» 87	5	16 49
26	90 28	4	» 70	4	13 18
27	93 75	3	» 53	3	9 88
28	97 22	2	» 35	2	6 59
29	100 69	1	» 18	1	3 29
30	104 16	»	» »	»	» »

Traitement annuel de 1300 francs.

1.er TABLEAU.

Décompte du Traitement en cas de congé.

NOMBRE DE JOURS pendant lesquels l'employé est resté en congé.	AUX RETRAITES. — Moitié du traitement net pendant la durée du congé.		TRAITEMENT net revenant au titulaire.	
	Nombre de jours.	Montant des retenues.	Nombre de jours.	Montant des sommes.
»	» »	» »	30 »	102 91
1	» 1/2	1 72	29 1/2	101 19
2	1 »	3 44	29 »	99 47
3	1 1/2	5 15	28 1/2	97 76
4	2 »	6 87	28 »	96 04
5	2 1/2	8 58	27 1/2	94 33
6	3 »	10 30	27 »	92 61
7	3 1/2	12 01	26 1/2	90 90
8	4 »	13 73	26 »	89 18
9	4 1/2	15 44	25 1/2	87 47
10	5 »	17 16	25 »	85 75
11	5 1/2	18 87	24 1/2	84 04
12	6 »	20 59	24 »	82 32
13	6 1/2	22 30	23 1/2	80 61
14	7 »	24 02	23 »	78 89
15	7 1/2	25 73	22 1/2	77 18
16	8 »	27 45	22 »	75 46
17	8 1/2	29 16	21 1/2	73 75
18	9 »	30 88	21 »	72 03
19	9 1/2	32 59	20 1/2	70 32
20	10 »	34 31	20 »	68 60
21	10 1/2	36 02	19 1/2	66 89
22	11 »	37 74	19 »	65 17
23	11 1/2	39 45	18 1/2	63 46
24	12 »	41 17	18 »	61 74
25	12 1/2	42 88	17 1/2	60 03
26	13 »	44 60	17 »	58 31
27	13 1/2	46 31	16 1/2	56 60
28	14 »	48 03	16 »	54 88
29	14 1/2	49 74	15 1/2	53 17
30	15 »	51 46	15 »	51 45

2.e TABLEAU.

Décompte du Traitement en cas de vacance.

AU TRÉSOR. — Traitement brut de l'emploi vacant.		AUX RETRAITES. — 5 pour 100 sur le nombre de jours d'activité.		TRAITEMENT net revenant au titulaire.	
Nombre de jours de vacance.	Montant de la vacance.	Nombre de jours d'activité.	Montant des retenues.	Nombre de jours d'activité.	Montant des sommes.
»	» »	30	5 42	30	102 91
1	3 61	29	5 24	29	99 48
2	7 22	28	5 06	28	96 05
3	10 83	27	4 88	27	92 62
4	14 45	26	4 70	26	89 18
5	18 06	25	4 52	25	85 75
6	21 67	24	4 34	24	82 32
7	25 28	23	4 16	23	78 89
8	28 89	22	3 98	22	75 46
9	32 50	21	3 80	21	72 03
10	36 11	20	3 62	20	68 60
11	39 72	19	3 44	19	65 17
12	43 33	18	3 25	18	61 75
13	46 95	17	3 07	17	58 31
14	50 56	16	2 89	16	54 88
15	54 17	15	2 71	15	51 45
16	57 78	14	2 53	14	48 02
17	61 39	13	2 35	13	44 59
18	65 »	12	2 17	12	41 16
19	68 61	11	1 99	11	37 73
20	72 22	10	1 81	10	34 30
21	75 83	9	1 63	9	30 87
22	79 45	8	1 45	8	27 43
23	83 06	7	1 27	7	24 »
24	86 67	6	1 09	6	20 57
25	90 28	5	» 91	5	17 14
26	93 89	4	» 73	4	13 71
27	97 50	3	» 55	3	10 28
28	101 11	2	» 37	2	6 85
29	104 72	1	» 19	1	3 42
30	108 33	»	» »	»	» »

Traitement annuel de 1400 francs.

1.er TABLEAU.

Décompte du Traitement en cas de congé.

NOMBRE DE JOURS pendant lesquels l'employé est resté en congé.	AUX RETRAITES. — Moitié du traitement net pendant la durée du congé.		TRAITEMENT net revenant au titulaire.	
	Nombre de jours.	Montant des retenues.	Nombre de jours.	Montant des sommes.
»	» »	» »	30 »	110 82
1	» 1/2	1 85	29 1/2	108 97
2	1 »	3 70	29 »	107 12
3	1 1/2	5 55	28 1/2	105 27
4	2 »	7 39	28 »	103 43
5	2 1/2	9 24	27 1/2	101 58
6	3 »	11 09	27 »	99 73
7	3 1/2	12 93	26 1/2	97 89
8	4 »	14 78	26 »	96 04
9	4 1/2	16 63	25 1/2	94 19
10	5 »	18 47	25 »	92 35
11	5 1/2	20 32	24 1/2	90 50
12	6 »	22 17	24 »	88 65
13	6 1/2	24 02	23 1/2	86 80
14	7 »	25 86	23 »	84 96
15	7 1/2	27 71	22 1/2	83 11
16	8 »	29 56	22 »	81 26
17	8 1/2	31 40	21 1/2	79 42
18	9 »	33 25	21 »	77 57
19	9 1/2	35 10	20 1/2	75 72
20	10 »	36 94	20 »	73 88
21	10 1/2	38 79	19 1/2	72 03
22	11 »	40 64	19 »	70 18
23	11 1/2	42 49	18 1/2	68 33
24	12 »	44 33	18 »	66 49
25	12 1/2	46 18	17 1/2	64 64
26	13 »	48 03	17 »	62 79
27	13 1/2	49 87	16 1/2	60 95
28	14 »	51 72	16 »	59 10
29	14 1/2	53 57	15 1/2	57 25
30	15 »	55 41	15 »	55 41

2.e TABLEAU.

Décompte du Traitement en cas de vacance.

AU TRÉSOR. — Traitement brut de l'emploi vacant.		AUX RETRAITES. — 5 pour 100 sur le nombre de jours d'activité.		TRAITEMENT net revenant au titulaire.	
Nombre de jours de vacance.	Montant de la vacance.	Nombre de jours d'activité.	Montant des retenues.	Nombre de jours d'activité.	Montant des sommes.
»	» »	30	5 84	30	110 82
1	3 89	29	5 64	29	107 13
2	7 78	28	5 45	28	103 43
3	11 66	27	5 25	27	99 75
4	15 55	26	5 06	26	96 05
5	19 44	25	4 87	25	92 35
6	23 33	24	4 67	24	88 66
7	27 22	23	4 48	23	84 96
8	31 11	22	4 28	22	81 27
9	35 »	21	4 09	21	77 57
10	38 89	20	3 89	20	73 88
11	42 78	19	3 70	19	70 18
12	46 66	18	3 50	18	66 50
13	50 55	17	3 31	17	62 80
14	54 44	16	3 12	16	59 10
15	58 33	15	2 92	15	55 41
16	62 22	14	2 73	14	51 71
17	66 11	13	2 53	13	48 02
18	70 »	12	2 34	12	44 32
19	73 89	11	2 14	11	40 63
20	77 78	10	1 95	10	36 93
21	81 66	9	1 75	9	33 25
22	85 55	8	1 56	8	29 55
23	89 44	7	1 37	7	25 85
24	93 33	6	1 17	6	22 16
25	97 22	5	» 98	5	18 46
26	101 11	4	» 78	4	14 77
27	105 »	3	» 59	3	11 07
28	108 89	2	» 39	2	7 38
29	112 78	1	» 20	1	3 68
30	116 66	»	» »	»	» »

Traitement annuel de 1440 francs.

1.er TABLEAU.

Décompte du Traitement en cas de congé.

NOMBRE DE JOURS pendant lesquels l'employé est resté en congé.	AUX RETRAITES. — Moitié du traitement net pendant la durée du congé. Nombre de jours.	AUX RETRAITES. Montant des retenues.	TRAITEMENT net revenant au titulaire. Nombre de jours.	TRAITEMENT net revenant au titulaire. Montant des sommes.
»	» »	» »	30 »	114 »
1	» 1/2	1 90	29 1/2	112 10
2	1 »	3 80	29 »	110 20
3	1 1/2	5 70	28 1/2	108 30
4	2 »	7 60	28 »	106 40
5	2 1/2	9 50	27 1/2	104 50
6	3 »	11 40	27 »	102 60
7	3 1/2	13 30	26 1/2	100 70
8	4 »	15 20	26 »	98 80
9	4 1/2	17 10	25 1/2	96 90
10	5 »	19 »	25 »	95 »
11	5 1/2	20 90	24 1/2	93 10
12	6 »	22 80	24 »	91 20
13	6 1/2	24 70	23 1/2	89 30
14	7 »	26 60	23 »	87 40
15	7 1/2	28 50	22 1/2	85 50
16	8 »	30 40	22 »	83 60
17	8 1/2	32 30	21 1/2	81 70
18	9 »	34 20	21 »	79 80
19	9 1/2	36 10	20 1/2	77 90
20	10 »	38 »	20 »	76 »
21	10 1/2	39 90	19 1/2	74 10
22	11 »	41 80	19 »	72 20
23	11 1/2	43 70	18 1/2	70 30
24	12 »	45 60	18 »	68 40
25	12 1/2	47 50	17 1/2	66 50
26	13 »	49 40	17 »	64 60
27	13 1/2	51 30	16 1/2	62 70
28	14 »	53 20	16 »	60 80
29	14 1/2	55 10	15 1/2	58 90
30	15 »	57 »	15 »	57 »

2.e TABLEAU.

Décompte du Traitement en cas de vacance.

AU TRÉSOR. — Traitement brut de l'emploi vacant. Nombre de jours de vacance.	AU TRÉSOR. Montant de la vacance.	AUX RETRAITES. — 5 pour 100 sur le nombre de jours d'activité. Nombre de jours d'activité.	AUX RETRAITES. Montant des retenues.	TRAITEMENT net revenant au titulaire. Nombre de jours d'activité.	TRAITEMENT net revenant au titulaire. Montant des sommes.
»	» »	30	6 »	30	114 »
1	4 »	29	5 80	29	110 20
2	8 »	28	5 60	28	106 40
3	12 »	27	5 40	27	102 60
4	16 »	26	5 20	26	98 80
5	20 »	25	5 »	25	95 »
6	24 »	24	4 80	24	91 20
7	28 »	23	4 60	23	87 40
8	32 »	22	4 40	22	83 60
9	36 »	21	4 20	21	79 80
10	40 »	20	4 »	20	76 »
11	44 »	19	3 80	19	72 20
12	48 »	18	3 60	18	68 40
13	52 »	17	3 40	17	64 60
14	56 »	16	3 20	16	60 80
15	60 »	15	3 »	15	57 »
16	64 »	14	2 80	14	53 20
17	68 »	13	2 60	13	49 40
18	72 »	12	2 40	12	45 60
19	76 »	11	2 20	11	41 80
20	80 »	10	2 »	10	38 »
21	84 »	9	1 80	9	34 20
22	88 »	8	1 60	8	30 40
23	92 »	7	1 40	7	26 60
24	96 »	6	1 20	6	22 80
25	100 »	5	1 »	5	19 »
26	104 »	4	» 80	4	15 20
27	108 »	3	» 60	3	11 40
28	112 »	2	» 40	2	7 60
29	116 »	1	» 20	1	3 80
30	120 »	»	» »	»	» »

Traitement annuel de 1500 francs.

1.er TABLEAU.

Décompte du Traitement en cas de congé.

NOMBRE DE JOURS pendant lesquels l'employé est resté en congé.	AUX RETRAITES. — Moitié du traitement net pendant la durée du congé.		TRAITEMENT net revenant au titulaire.	
	Nombre de jours.	Montant des retenues.	Nombre de jours.	Montant des sommes.
»	» »	» »	30 »	118 75
1	» 1/2	1 98	29 1/2	116 77
2	1 »	3 96	29 »	114 79
3	1 1/2	5 94	28 1/2	112 81
4	2 »	7 92	28 »	110 83
5	2 1/2	9 90	27 1/2	108 85
6	3 »	11 88	27 »	106 87
7	3 1/2	13 86	26 1/2	104 89
8	4 »	15 84	26 »	102 91
9	4 1/2	17 82	25 1/2	100 93
10	5 »	19 80	25 »	98 95
11	5 1/2	21 78	24 1/2	96 97
12	6 »	23 75	24 »	95 »
13	6 1/2	25 73	23 1/2	93 02
14	7 »	27 71	23 »	91 04
15	7 1/2	29 69	22 1/2	89 06
16	8 »	31 67	22 »	87 08
17	8 1/2	33 65	21 1/2	85 10
18	9 »	35 63	21 »	83 12
19	9 1/2	37 61	20 1/2	81 14
20	10 »	39 59	20 »	79 16
21	10 1/2	41 57	19 1/2	77 18
22	11 »	43 55	19 »	75 20
23	11 1/2	45 53	18 1/2	73 22
24	12 »	47 50	18 »	71 25
25	12 1/2	49 48	17 1/2	69 27
26	13 »	51 46	17 »	67 29
27	13 1/2	53 44	16 1/2	65 31
28	14 »	55 42	16 »	63 33
29	14 1/2	57 40	15 1/2	61 35
30	15 »	59 38	15 »	59 37

2.e TABLEAU.

Décompte du Traitement en cas de vacance.

AU TRÉSOR. — Traitement brut de l'emploi vacant.		AUX RETRAITES. — 5 pour 100 sur le nombre de jours d'activité.		TRAITEMENT net revenant au titulaire.	
Nombre de jours de vacance.	Montant de la vacance.	Nombre de jours d'activité.	Montant des retenues.	Nombre de jours d'activité.	Montant des sommes.
»	» »	30	6 25	30	118 75
1	4 17	29	6 05	29	114 78
2	8 34	28	5 84	28	110 82
3	12 50	27	5 63	27	106 87
4	16 67	26	5 42	26	102 91
5	20 84	25	5 21	25	98 95
6	25 »	24	5 »	24	95 »
7	29 17	23	4 80	23	91 03
8	33 34	22	4 59	22	87 07
9	37 50	21	4 38	21	83 12
10	41 67	20	4 17	20	79 16
11	45 84	19	3 96	19	75 20
12	50 »	18	3 75	18	71 25
13	54 17	17	3 55	17	67 28
14	58 34	16	3 34	16	63 32
15	62 50	15	3 13	15	59 37
16	66 67	14	2 92	14	55 41
17	70 84	13	2 71	13	51 45
18	75 »	12	2 50	12	47 50
19	79 17	11	2 30	11	43 53
20	83 34	10	2 09	10	39 57
21	87 50	9	1 88	9	35 62
22	91 67	8	1 67	8	31 66
23	95 84	7	1 46	7	27 70
24	100 »	6	1 25	6	23 75
25	104 17	5	1 05	5	19 78
26	108 34	4	» 84	4	15 82
27	112 50	3	» 63	3	11 87
28	116 67	2	» 42	2	7 91
29	120 84	1	» 21	1	3 95
30	125 »	»	» »	»	» »

Traitement annuel de 1600 francs.

1.er TABLEAU.

Décompte du Traitement en cas de congé.

NOMBRE DE JOURS pendant lesquels l'employé est resté en congé.	AUX RETRAITES. — Moitié du traitement net pendant la durée du congé.		TRAITEMENT net revenant au titulaire.	
	Nombre de jours.	Montant des retenues.	Nombre de jours.	Montant des sommes.
»	» »	» »	30 »	126 66
1	» 1/2	2 12	29 1/2	124 54
2	1 »	4 23	29 »	122 43
3	1 1/2	6 34	28 1/2	120 32
4	2 »	8 45	28 »	118 21
5	2 1/2	10 56	27 1/2	116 10
6	3 »	12 67	27 »	113 99
7	3 1/2	14 78	26 1/2	111 88
8	4 »	16 89	26 »	109 77
9	4 1/2	19 »	25 1/2	107 66
10	5 »	21 11	25 »	105 55
11	5 1/2	23 23	24 1/2	103 43
12	6 »	25 34	24 »	101 32
13	6 1/2	27 45	23 1/2	99 21
14	7 »	29 56	23 »	97 10
15	7 1/2	31 67	22 1/2	94 99
16	8 »	33 78	22 »	92 88
17	8 1/2	35 89	21 1/2	90 77
18	9 »	38 »	21 »	88 66
19	9 1/2	40 11	20 1/2	86 55
20	10 »	42 22	20 »	84 44
21	10 1/2	44 34	19 1/2	82 32
22	11 »	46 45	19 »	80 21
23	11 1/2	48 56	18 1/2	78 10
24	12 »	50 67	18 »	75 99
25	12 1/2	52 78	17 1/2	73 88
26	13 »	54 89	17 »	71 77
27	13 1/2	57 »	16 1/2	69 66
28	14 »	59 11	16 »	67 55
29	14 1/2	61 22	15 1/2	65 44
30	15 »	63 33	15 »	63 33

2.e TABLEAU.

Décompte du Traitement en cas de vacance.

AU TRÉSOR. — Traitement brut de l'emploi vacant.		AUX RETRAITES. — 5 pour 100 sur le nombre de jours d'activité.		TRAITEMENT net revenant au titulaire.	
Nombre de jours de vacance.	Montant de la vacance.	Nombre de jours d'activité.	Montant des retenues.	Nombre de jours d'activité.	Montant. des sommes.
»	» »	30	6 67	30	126 66
1	4 45	29	6 45	29	122 43
2	8 89	28	6 23	28	118 21
3	13 33	27	6 »	27	114 »
4	17 78	26	5 78	26	109 77
5	22 22	25	5 56	25	105 55
6	26 67	24	5 34	24	101 32
7	31 11	23	5 12	23	97 10
8	35 56	22	4 89	22	92 88
9	40 »	21	4 67	21	88 66
10	44 45	20	4 45	20	84 43
11	48 89	19	4 23	19	80 21
12	53 33	18	4 »	18	76 »
13	57 78	17	3 78	17	71 77
14	62 22	16	3 56	16	67 55
15	66 67	15	3 34	15	63 32
16	71 11	14	3 12	14	59 10
17	75 56	13	2 89	13	54 88
18	80 »	12	2 67	12	50 66
19	84 45	11	2 45	11	46 43
20	88 89	10	2 23	10	42 21
21	93 33	9	2 »	9	38 »
22	97 78	8	1 78	8	33 77
23	102 22	7	1 56	7	29 55
24	106 67	6	1 34	6	25 32
25	111 11	5	1 12	5	21 10
26	115 56	4	» 89	4	16 88
27	120 »	3	» 67	3	12 66
28	124 45	2	» 45	2	8 43
29	128 89	1	» 23	1	4 21
30	133 33	»	» »	»	» »

Traitement annuel de 1700 francs.

1.er TABLEAU.

Décompte du Traitement en cas de congé.

NOMBRE DE JOURS pendant lesquels l'employé est resté en congé.	AUX RETRAITES. — Moitié du traitement net pendant la durée du congé.		TRAITEMENT net revenant au titulaire.	
	Nombre de jours.	Montant des retenues.	Nombre de jours.	Montant des sommes.
»	» »	» »	30 »	134 57
1	» 1/2	2 25	29 1/2	132 32
2	1 »	4 49	29 »	130 08
3	1 1/2	6 73	28 1/2	127 84
4	2 »	8 98	28 »	125 59
5	2 1/2	11 22	27 1/2	123 35
6	3 »	13 46	27 »	121 11
7	3 1/2	15 70	26 1/2	118 87
8	4 »	17 95	26 »	116 62
9	4 1/2	20 19	25 1/2	114 38
10	5 »	22 43	25 »	112 14
11	5 1/2	24 68	24 1/2	109 89
12	6 »	26 92	24 »	107 65
13	6 1/2	29 16	23 1/2	105 41
14	7 »	31 40	23 »	103 17
15	7 1/2	33 65	22 1/2	100 92
16	8 »	35 89	22 »	98 68
17	8 1/2	38 13	21 1/2	96 44
18	9 »	40 38	21 »	94 19
19	9 1/2	42 62	20 1/2	91 95
20	10 »	44 86	20 »	89 71
21	10 1/2	47 10	19 1/2	87 47
22	11 »	49 35	19 »	85 22
23	11 1/2	51 59	18 1/2	82 98
24	12 »	53 83	18 »	80 74
25	12 1/2	56 08	17 1/2	78 49
26	13 »	58 32	17 »	76 25
27	13 1/2	60 56	16 1/2	74 01
28	14 »	62 80	16 »	71 77
29	14 1/2	65 05	15 1/2	69 52
30	15 »	67 29	15 »	67 28

2.e TABLEAU.

Décompte du Traitement en cas de vacance.

AU TRÉSOR. — Traitement brut de l'emploi vacant.		AUX RETRAITES. — 5 pour 100 sur le nombre de jours d'activité.		TRAITEMENT net revenant au titulaire.	
Nombre de jours de vacance.	Montant de la vacance.	Nombre de jours d'activité.	Montant des retenues.	Nombre de jours d'activité.	Montant des sommes.
»	» »	30	7 09	30	134 57
1	4 72	29	6 85	29	130 09
2	9 44	28	6 62	28	125 60
3	14 16	27	6 38	27	121 12
4	18 89	26	6 14	26	116 63
5	23 61	25	5 91	25	112 14
6	28 33	24	5 67	24	107 66
7	33 05	23	5 44	23	103 17
8	37 78	22	5 20	22	98 68
9	42 50	21	4 96	21	94 20
10	47 22	20	4 73	20	89 71
11	51 94	19	4 49	19	85 23
12	56 66	18	4 25	18	80 75
13	61 39	17	4 02	17	76 26
14	66 11	16	3 78	16	71 77
15	70 83	15	3 55	15	67 28
16	75 55	14	3 31	14	62 80
17	80 28	13	3 07	13	58 31
18	85 »	12	2 84	12	53 82
19	89 72	11	2 60	11	49 34
20	94 44	10	2 37	10	44 85
21	99 16	9	2 13	9	40 37
22	103 89	8	1 89	8	35 88
23	108 61	7	1 66	7	31 39
24	113 33	6	1 42	6	26 91
25	118 05	5	1 19	5	22 42
26	122 78	4	» 95	4	17 93
27	127 50	3	» 71	3	13 45
28	132 22	2	» 48	2	8 96
29	136 94	1	» 24	1	4 48
30	141 66	»	» »	»	» »

Traitement annuel de 1800 francs.

1.er TABLEAU.

Décompte du Traitement en cas de congé.

NOMBRE DE JOURS pendant lesquels l'employé est resté en congé.	AUX RETRAITES. — Moitié du traitement net pendant la durée du congé.		TRAITEMENT net revenant au titulaire.	
	Nombre de jours.	Montant des retenues.	Nombre de jours.	Montant des sommes.
»	» »	» »	30 »	142 50
1	» 1/2	2 38	29 1/2	140 12
2	1 »	4 75	29 »	137 75
3	1 1/2	7 13	28 1/2	135 37
4	2 »	9 50	28 »	133 »
5	2 1/2	11 88	27 1/2	130 62
6	3 »	14 25	27 »	128 25
7	3 1/2	16 63	26 1/2	125 87
8	4 »	19 »	26 »	123 50
9	4 1/2	21 38	25 1/2	121 12
10	5 »	23 75	25 »	118 75
11	5 1/2	26 13	24 1/2	116 37
12	6 »	28 50	24 »	114 »
13	6 1/2	30 88	23 1/2	111 62
14	7 »	33 25	23 »	109 25
15	7 1/2	35 63	22 1/2	106 87
16	8 »	38 »	22 »	104 50
17	8 1/2	40 38	21 1/2	102 12
18	9 »	42 75	21 »	99 75
19	9 1/2	45 13	20 1/2	97 37
20	10 »	47 50	20 »	95 »
21	10 1/2	49 88	19 1/2	92 62
22	11 »	52 25	19 »	90 25
23	11 1/2	54 63	18 1/2	87 87
24	12 »	57 »	18 »	85 50
25	12 1/2	59 38	17 1/2	83 12
26	13 »	61 75	17 »	80 75
27	13 1/2	64 13	16 1/2	78 37
28	14 »	66 50	16 »	76 »
29	14 1/2	68 88	15 1/2	73 62
30	15 »	71 25	15 »	71 25

2.e TABLEAU.

Décompte du Traitement en cas de vacance.

AU TRÉSOR. — Traitement brut de l'emploi vacant.		AUX RETRAITES. — 5 pour 100 sur le nombre de jours d'activité.		TRAITEMENT net revenant au titulaire.	
Nombre de jours de vacance.	Montant de la vacance.	Nombre de jours d'activité.	Montant des retenues.	Nombre de jours d'activité.	Montant des sommes.
»	» »	30	7 50	30	142 50
1	5 »	29	7 25	29	137 75
2	10 »	28	7 »	28	133 »
3	15 »	27	6 75	27	128 25
4	20 »	26	6 50	26	123 50
5	25 »	25	6 25	25	118 75
6	30 »	24	6 »	24	114 »
7	35 »	23	5 75	23	109 25
8	40 »	22	5 50	22	104 50
9	45 »	21	5 25	21	99 75
10	50 »	20	5 »	20	95 »
11	55 »	19	4 75	19	90 25
12	60 »	18	4 50	18	85 50
13	65 »	17	4 25	17	80 75
14	70 »	16	4 »	16	76 »
15	75 »	15	3 75	15	71 25
16	80 »	14	3 50	14	66 50
17	85 »	13	3 25	13	61 75
18	90 »	12	3 »	12	57 »
19	95 »	11	2 75	11	52 25
20	100 »	10	2 50	10	47 50
21	105 »	9	2 25	9	42 75
22	110 »	8	2 »	8	38 »
23	115 »	7	1 75	7	33 25
24	120 »	6	1 50	6	28 50
25	125 »	5	1 25	5	23 75
26	130 »	4	1 »	4	19 »
27	135 »	3	» 75	3	14 25
28	140 »	2	» 50	2	9 50
29	145 »	1	» 25	1	4 75
30	150 »	»	» »	»	» »

Traitement annuel de 1850 francs.

1.er TABLEAU.

Décompte du Traitement en cas de congé.

NOMBRE DE JOURS pendant lesquels l'employé est resté en congé.	AUX RETRAITES. — Moitié du traitement net pendant la durée du congé.		TRAITEMENT net revenant au titulaire.	
	Nombre de jours.	Montant des retenues.	Nombre de jours.	Montant des sommes.
»	» »	» »	30 »	146 45
1	» 1/2	2 45	29 1/2	144 »
2	1 »	4 89	29 »	141 56
3	1 1/2	7 33	28 1/2	139 12
4	2 »	9 77	28 »	136 68
5	2 1/2	12 21	27 1/2	134 24
6	3 »	14 65	27 »	131 80
7	3 1/2	17 09	26 1/2	129 36
8	4 »	19 53	26 »	126 92
9	4 1/2	21 97	25 1/2	124 48
10	5 »	24 41	25 »	122 04
11	5 1/2	26 85	24 1/2	119 60
12	6 »	29 29	24 »	117 16
13	6 1/2	31 74	23 1/2	114 71
14	7 »	34 18	23 »	112 27
15	7 1/2	36 62	22 1/2	109 83
16	8 »	39 06	22 »	107 39
17	8 1/2	41 50	21 1/2	104 95
18	9 »	43 94	21 »	102 51
19	9 1/2	46 38	20 1/2	100 07
20	10 »	48 82	20 »	97 63
21	10 1/2	51 26	19 1/2	95 19
22	11 »	53 70	19 »	92 75
23	11 1/2	56 14	18 1/2	90 31
24	12 »	58 58	18 »	87 87
25	12 1/2	61 03	17 1/2	85 42
26	13 »	63 47	17 »	82 98
27	13 1/2	65 91	16 1/2	80 54
28	14 »	68 35	16 »	78 10
29	14 1/2	70 79	15 1/2	75 66
30	15 »	73 23	15 »	73 22

2.e TABLEAU.

Décompte du Traitement en cas de vacance.

AU TRÉSOR. — Traitement brut de l'emploi vacant.		AUX RETRAITES. — 5 pour 100 sur le nombre de jours d'activité.		TRAITEMENT net revenant au titulaire.	
Nombre de jours de vacance.	Montant de la vacance.	Nombre de jours d'activité.	Montant des retenues.	Nombre de jours d'activité.	Montant des sommes.
»	» »	30	7 71	30	146 45
1	5 14	29	7 46	29	141 56
2	10 28	28	7 20	28	136 68
3	15 41	27	6 94	27	131 81
4	20 55	26	6 69	26	126 92
5	25 69	25	6 43	25	122 04
6	30 83	24	6 17	24	117 16
7	35 97	23	5 91	23	112 28
8	41 11	22	5 66	22	107 39
9	46 25	21	5 40	21	102 51
10	51 39	20	5 14	20	97 63
11	56 53	19	4 89	19	92 74
12	61 66	18	4 63	18	87 87
13	66 80	17	4 37	17	82 99
14	71 94	16	4 12	16	78 10
15	77 08	15	3 86	15	73 22
16	82 22	14	3 60	14	68 34
17	87 36	13	3 34	13	63 46
18	92 50	12	3 09	12	58 57
19	97 64	11	2 83	11	53 69
20	102 78	10	2 57	10	48 81
21	107 91	9	2 32	9	43 93
22	113 05	8	2 06	8	39 05
23	118 19	7	1 80	7	34 17
24	123 33	6	1 55	6	29 28
25	128 47	5	1 29	5	24 40
26	133 61	4	1 03	4	19 52
27	138 75	3	» 78	3	14 63
28	143 89	2	» 52	2	9 75
29	149 03	1	» 26	1	4 87
30	154 16	»	» »	»	» »

Traitement annuel de 1900 francs.

1.er TABLEAU.

Décompte du Traitement en cas de congé.

NOMBRE DE JOURS pendant lesquels l'employé est resté en congé.	AUX RETRAITES. — Moitié du traitement net pendant la durée du congé.		TRAITEMENT net revenant au titulaire.	
	Nombre de jours.	Montant des retenues.	Nombre de jours.	Montant des sommes.
»	» »	» »	30 »	150 41
1	» 1/2	2 51	29 1/2	147 90
2	1 »	5 02	29 »	145 39
3	1 1/2	7 53	28 1/2	142 88
4	2 »	10 03	28 »	140 38
5	2 1/2	12 54	27 1/2	137 87
6	3 »	15 05	27 »	135 36
7	3 1/2	17 55	26 1/2	132 86
8	4 »	20 06	26 »	130 35
9	4 1/2	22 57	25 1/2	127 84
10	5 »	25 07	25 »	125 34
11	5 1/2	27 58	24 1/2	122 83
12	6 »	30 09	24 »	120 32
13	6 1/2	32 59	23 1/2	117 82
14	7 »	35 10	23 »	115 31
15	7 1/2	37 61	22 1/2	112 80
16	8 »	40 11	22 »	110 30
17	8 1/2	42 62	21 1/2	107 79
18	9 »	45 13	21 »	105 28
19	9 1/2	47 63	20 1/2	102 78
20	10 »	50 14	20 »	100 27
21	10 1/2	52 65	19 1/2	97 76
22	11 »	55 16	19 »	95 25
23	11 1/2	57 66	18 1/2	92 75
24	12 »	60 17	18 »	90 24
25	12 1/2	62 68	17 1/2	87 73
26	13 »	65 18	17 »	85 23
27	13 1/2	67 69	16 1/2	82 72
28	14 »	70 20	16 »	80 21
29	14 1/2	72 70	15 1/2	77 71
30	15 »	75 21	15 »	75 20

2.e TABLEAU.

Décompte du Traitement en cas de vacance.

AU TRÉSOR. — Traitement brut de l'emploi vacant.		AUX RETRAITES. — 5 pour 100 sur le nombre de jours d'activité.		TRAITEMENT net revenant au titulaire.	
Nombre de jours de vacance.	Montant de la vacance.	Nombre de jours d'activité.	Montant des retenues.	Nombre de jours d'activité.	Montant des sommes.
»	» »	30	7 92	30	150 41
1	5 28	29	7 66	29	145 39
2	10 56	28	7 39	28	140 38
3	15 83	27	7 13	27	135 37
4	21 11	26	6 87	26	130 35
5	26 39	25	6 60	25	125 34
6	31 67	24	6 34	24	120 32
7	36 95	23	6 07	23	115 31
8	42 22	22	5 81	22	110 30
9	47 50	21	5 55	21	105 28
10	52 78	20	5 28	20	100 27
11	58 06	19	5 02	19	95 25
12	63 33	18	4 75	18	90 25
13	68 61	17	4 49	17	85 23
14	73 89	16	4 23	16	80 21
15	79 17	15	3 96	15	75 20
16	84 45	14	3 70	14	70 18
17	89 72	13	3 44	13	65 17
18	95 »	12	3 17	12	60 16
19	100 28	11	2 91	11	55 14
20	105 56	10	2 64	10	50 13
21	110 83	9	2 38	9	45 12
22	116 11	8	2 12	8	40 10
23	121 39	7	1 85	7	35 09
24	126 67	6	1 59	6	30 07
25	131 95	5	1 32	5	25 06
26	137 22	4	1 06	4	20 05
27	142 50	3	» 80	3	15 03
28	147 78	2	» 53	2	10 02
29	153 06	1	» 27	1	5 »
30	158 33	»	» »	»	» »

Traitement annuel de 1950 francs.

1.er TABLEAU.

Décompte du Traitement en cas de congé.

NOMBRE DE JOURS pendant lesquels l'employé est resté en congé.	AUX RETRAITES. — Moitié du traitement net pendant la durée du congé.		TRAITEMENT net revenant au titulaire.	
	Nombre de jours.	Montant des retenues.	Nombre de jours.	Montant des sommes.
»	» »	» »	30 »	154 37
1	» 1/2	2 58	29 1/2	151 79
2	1 »	5 15	29 »	149 22
3	1 1/2	7 72	28 1/2	146 65
4	2 »	10 30	28 »	144 07
5	2 1/2	12 87	27 1/2	141 50
6	3 »	15 44	27 »	138 93
7	3 1/2	18 01	26 1/2	136 36
8	4 »	20 59	26 »	133 78
9	4 1/2	23 16	25 1/2	131 21
10	5 »	25 73	25 »	128 64
11	5 1/2	28 31	24 1/2	126 06
12	6 »	30 88	24 »	123 49
13	6 1/2	33 45	23 1/2	120 92
14	7 »	36 02	23 »	118 35
15	7 1/2	38 60	22 1/2	115 77
16	8 »	41 17	22 »	113 20
17	8 1/2	43 74	21 1/2	110 63
18	9 »	46 32	21 »	108 05
19	9 1/2	48 89	20 1/2	105 48
20	10 »	51 46	20 »	102 91
21	10 1/2	54 03	19 1/2	100 34
22	11 »	56 61	19 »	97 76
23	11 1/2	59 18	18 1/2	95 19
24	12 »	61 75	18 »	92 62
25	12 1/2	64 33	17 1/2	90 04
26	13 »	66 90	17 »	87 47
27	13 1/2	69 47	16 1/2	84 90
28	14 »	72 04	16 »	82 33
29	14 1/2	74 62	15 1/2	79 75
30	15 »	77 19	15 »	77 18

2.e TABLEAU.

Décompte du Traitement en cas de vacance.

AU TRÉSOR. — Traitement brut de l'emploi vacant.		AUX RETRAITES. — 5 pour 100 sur le nombre de jours d'activité.		TRAITEMENT net revenant au titulaire.	
Nombre de jours de vacance.	Montant de la vacance.	Nombre de jours d'activité.	Montant des retenues.	Nombre de jours d'activité.	Montant des sommes.
»	» »	30	8 13	30	154 37
1	5 42	29	7 86	29	149 22
2	10 84	28	7 59	28	144 07
3	16 25	27	7 32	27	138 93
4	21 67	26	7 05	26	133 78
5	27 09	25	6 78	25	128 63
6	32 50	24	6 50	24	123 50
7	37 92	23	6 23	23	118 35
8	43 34	22	5 96	22	113 20
9	48 75	21	5 69	21	108 06
10	54 17	20	5 42	20	102 91
11	59 59	19	5 15	19	97 76
12	65 »	18	4 88	18	92 62
13	70 42	17	4 61	17	87 47
14	75 84	16	4 34	16	82 32
15	81 25	15	4 07	15	77 18
16	86 67	14	3 80	14	72 03
17	92 09	13	3 53	13	66 88
18	97 50	12	3 25	12	61 75
19	102 92	11	2 98	11	56 60
20	108 34	10	2 71	10	51 45
21	113 75	9	2 44	9	46 31
22	119 17	8	2 17	8	41 16
23	124 59	7	1 90	7	36 01
24	130 »	6	1 63	6	30 87
25	135 42	5	1 36	5	25 72
26	140 84	4	1 09	4	20 57
27	146 25	3	» 82	3	15 43
28	151 67	2	» 55	2	10 28
29	157 09	1	» 28	1	5 13
30	162 50	»	» »	»	» »

Traitement annuel de 2000 francs.

1.er TABLEAU.

Décompte du Traitement en cas de congé.

NOMBRE DE JOURS pendant lesquels l'employé est resté en congé.	AUX RETRAITES. — Moitié du traitement net pendant la durée du congé.		TRAITEMENT net revenant au titulaire.	
	Nombre de jours.	Montant des retenues.	Nombre de jours.	Montant des sommes.
»	» »	» »	30 »	158 32
1	» 1/2	2 64	29 1/2	155 68
2	1 »	5 28	29 »	153 04
3	1 1/2	7 92	28 1/2	150 40
4	2 »	10 56	28 »	147 76
5	2 1/2	13 20	27 1/2	145 12
6	3 »	15 84	27 »	142 48
7	3 1/2	18 48	26 1/2	139 84
8	4 »	21 11	26 »	137 21
9	4 1/2	23 75	25 1/2	134 57
10	5 »	26 39	25 »	131 93
11	5 1/2	29 03	24 1/2	129 29
12	6 »	31 67	24 »	126 65
13	6 1/2	34 31	23 1/2	124 01
14	7 »	36 95	23 »	121 37
15	7 1/2	39 58	22 1/2	118 74
16	8 »	42 22	22 »	116 10
17	8 1/2	44 86	21 1/2	113 46
18	9 »	47 50	21 »	110 82
19	9 1/2	50 14	20 1/2	108 18
20	10 »	52 78	20 »	105 54
21	10 1/2	55 42	19 1/2	102 90
22	11 »	58 06	19 »	100 26
23	11 1/2	60 69	18 1/2	97 63
24	12 »	63 33	18 »	94 99
25	12 1/2	65 97	17 1/2	92 35
26	13 »	68 61	17 »	89 71
27	13 1/2	71 25	16 1/2	87 07
28	14 »	73 89	16 »	84 43
29	14 1/2	76 53	15 1/2	81 79
30	15 »	79 16	15 »	79 16

2.e TABLEAU.

Décompte du Traitement en cas de vacance.

AU TRÉSOR. — Traitement brut de l'emploi vacant.		AUX RETRAITES. — 5 pour 100 sur le nombre de jours d'activité.		TRAITEMENT net revenant au titulaire.	
Nombre de jours de vacance.	Montant de la vacance.	Nombre de jours d'activité.	Montant des retenues.	Nombre de jours d'activité.	Montant des sommes.
»	» »	30	8 34	30	158 32
1	5 55	29	8 06	29	153 05
2	11 11	28	7 78	28	147 77
3	16 66	27	7 50	27	142 50
4	22 22	26	7 23	26	137 21
5	27 78	25	6 95	25	131 93
6	33 33	24	6 67	24	126 66
7	38 89	23	6 39	23	121 38
8	44 44	22	6 12	22	116 10
9	50 »	21	5 84	21	110 82
10	55 55	20	5 56	20	105 55
11	61 11	19	5 28	19	100 27
12	66 66	18	5 »	18	95 »
13	72 22	17	4 73	17	89 71
14	77 78	16	4 45	16	84 43
15	83 33	15	4 17	15	79 16
16	88 89	14	3 89	14	73 88
17	94 44	13	3 62	13	68 60
18	100 »	12	3 34	12	63 32
19	105 55	11	3 06	11	58 05
20	111 11	10	2 78	10	52 77
21	116 66	9	2 50	9	47 50
22	122 22	8	2 23	8	42 21
23	127 78	7	1 95	7	36 93
24	133 33	6	1 67	6	31 66
25	138 89	5	1 39	5	26 38
26	144 44	4	1 12	4	21 10
27	150 »	3	» 84	3	15 82
28	155 55	2	» 56	2	10 55
29	161 11	1	» 28	1	5 27
30	166 66	»	» »	»	» »

Traitement annuel de 2050 francs.

1.er TABLEAU.

Décompte du Traitement en cas de congé.

NOMBRE DE JOURS pendant lesquels l'employé est resté en congé.	AUX RETRAITES. — Moitié du traitement net pendant la durée du congé.		TRAITEMENT net revenant au titulaire.	
	Nombre de jours.	Montant des retenues.	Nombre de jours.	Montant des sommes.
»	» »	» »	30 »	162 28
1	» 1/2	2 71	29 1/2	159 57
2	1 »	5 41	29 »	156 87
3	1 1/2	8 12	28 1/2	154 16
4	2 »	10 82	28 »	151 46
5	2 1/2	13 53	27 1/2	148 75
6	3 »	16 23	27 »	146 05
7	3 1/2	18 94	26 1/2	143 34
8	4 »	21 64	26 »	140 64
9	4 1/2	24 35	25 1/2	137 93
10	5 »	27 05	25 »	135 23
11	5 1/2	29 76	24 1/2	132 52
12	6 »	32 46	24 »	129 82
13	6 1/2	35 17	23 1/2	127 11
14	7 »	37 87	23 »	124 41
15	7 1/2	40 57	22 1/2	121 71
16	8 »	43 28	22 »	119 »
17	8 1/2	45 98	21 1/2	116 30
18	9 »	48 69	21 »	113 59
19	9 1/2	51 39	20 1/2	110 89
20	10 »	54 10	20 »	108 18
21	10 1/2	56 80	19 1/2	105 48
22	11 »	59 51	19 »	102 77
23	11 1/2	62 21	18 1/2	100 07
24	12 »	64 92	18 »	97 36
25	12 1/2	67 62	17 1/2	94 66
26	13 »	70 33	17 »	91 95
27	13 1/2	73 03	16 1/2	89 25
28	14 »	75 74	16 »	86 54
29	14 1/2	78 44	15 1/2	83 84
30	15 »	81 14	15 »	81 14

2.e TABLEAU.

Décompte du Traitement en cas de vacance.

AU TRÉSOR. — Traitement brut de l'emploi vacant.		AUX RETRAITES. — 5 pour 100 sur le nombre de jours d'activité.		TRAITEMENT net revenant au titulaire.	
Nombre de jours de vacance.	Montant de la vacance.	Nombre de jours d'activité.	Montant des retenues.	Nombre de jours d'activité.	Montant des sommes.
»	» »	30	8 55	30	162 28
1	5 70	29	8 26	29	156 87
2	11 39	28	7 98	28	151 46
3	17 08	27	7 69	27	146 06
4	22 78	26	7 41	26	140 64
5	28 47	25	7 12	25	135 24
6	34 17	24	6 84	24	129 82
7	39 86	23	6 55	23	124 42
8	45 56	22	6 27	22	119 »
9	51 25	21	5 98	21	113 60
10	56 95	20	5 70	20	108 18
11	62 64	19	5 41	19	102 78
12	68 33	18	5 13	18	97 37
13	74 03	17	4 84	17	91 96
14	79 72	16	4 56	16	86 55
15	85 42	15	4 28	15	81 13
16	91 11	14	3 99	14	75 73
17	96 81	13	3 71	13	70 31
18	102 50	12	3 42	12	64 91
19	108 20	11	3 14	11	59 49
20	113 89	10	2 85	10	54 09
21	119 58	9	2 57	9	48 68
22	125 28	8	2 28	8	43 27
23	130 97	7	2 »	7	37 86
24	136 67	6	1 71	6	32 45
25	142 36	5	1 43	5	27 04
26	148 06	4	1 14	4	21 63
27	153 75	3	» 86	3	16 22
28	159 45	2	» 57	2	10 81
29	165 14	1	» 29	1	5 40
30	170 83	»	» »	»	» »

Traitement annuel de 2100 francs.

1.er TABLEAU.

Décompte du Traitement en cas de congé.

NOMBRE DE JOURS pendant lesquels l'employé est resté en congé.	AUX RETRAITES. — Moitié du traitement net pendant la durée du congé.		TRAITEMENT net revenant au titulaire.	
	Nombre de jours.	Montant des retenues.	Nombre de jours.	Montant des sommes.
»	» »	» »	30 »	166 25
1	» 1/2	2 78	29 1/2	163 47
2	1 »	5 55	29 »	160 70
3	1 1/2	8 32	28 1/2	157 93
4	2 »	11 09	28 »	155 16
5	2 1/2	13 86	27 1/2	152 39
6	3 »	16 63	27 »	149 62
7	3 1/2	19 40	26 1/2	146 85
8	4 »	22 17	26 »	144 08
9	4 1/2	24 94	25 1/2	141 31
10	5 »	27 71	25 »	138 54
11	5 1/2	30 48	24 1/2	135 77
12	6 »	33 25	24 »	133 »
13	6 1/2	36 03	23 1/2	130 22
14	7 »	38 80	23 »	127 45
15	7 1/2	41 57	22 1/2	124 68
16	8 »	44 34	22 »	121 91
17	8 1/2	47 11	21 1/2	119 14
18	9 »	49 88	21 »	116 37
19	9 1/2	52 65	20 1/2	113 60
20	10 »	55 42	20 »	110 83
21	10 1/2	58 19	19 1/2	108 06
22	11 »	60 96	19 »	105 29
23	11 1/2	63 73	18 1/2	102 52
24	12 »	66 50	18 »	99 75
25	12 1/2	69 28	17 1/2	96 97
26	13 »	72 05	17 »	94 20
27	13 1/2	74 82	16 1/2	91 43
28	14 »	77 59	16 »	88 66
29	14 1/2	80 36	15 1/2	85 89
30	15 »	83 13	15 »	83 12

2.e TABLEAU.

Décompte du Traitement en cas de vacance.

AU TRÉSOR. — Traitement brut de l'emploi vacant.		AUX RETRAITES. — 5 pour 100 sur le nombre de jours d'activité.		TRAITEMENT net revenant au titulaire.	
Nombre de jours de vacance.	Montant de la vacance.	Nombre de jours d'activité.	Montant des retenues.	Nombre de jours d'activité.	Montant des sommes.
»	» »	30	8 75	30	166 25
1	5 84	29	8 46	29	160 70
2	11 67	28	8 17	28	155 16
3	17 50	27	7 88	27	149 62
4	23 34	26	7 59	26	144 07
5	29 17	25	7 30	25	138 53
6	35 »	24	7 »	24	133 »
7	40 84	23	6 71	23	127 45
8	46 67	22	6 42	22	121 91
9	52 50	21	6 13	21	116 37
10	58 34	20	5 84	20	110 82
11	64 17	19	5 55	19	105 28
12	70 »	18	5 25	18	99 75
13	75 84	17	4 96	17	94 20
14	81 67	16	4 67	16	88 66
15	87 50	15	4 38	15	83 12
16	93 34	14	4 09	14	77 57
17	99 17	13	3 80	13	72 03
18	105 »	12	3 50	12	66 50
19	110 84	11	3 21	11	60 95
20	116 67	10	2 92	10	55 41
21	122 50	9	2 63	9	49 87
22	128 34	8	2 34	8	44 32
23	134 17	7	2 05	7	38 78
24	140 »	6	1 75	6	33 25
25	145 84	5	1 46	5	27 70
26	151 67	4	1 17	4	22 16
27	157 50	3	» 88	3	16 62
28	163 34	2	» 59	2	11 07
29	169 17	1	» 30	1	5 53
30	175 »	»	» »	»	» »

Traitement annuel de 2150 francs.

1.er TABLEAU.

Décompte du Traitement en cas de congé.

NOMBRE DE JOURS pendant lesquels l'employé est resté en congé.	AUX RETRAITES. — Moitié du traitement net pendant la durée du congé. Nombre de jours.		Montant des retenues.		TRAITEMENT net revenant au titulaire. Nombre de jours.		Montant des sommes.	
»	»	»	»	»	30	»	170	20
1	»	1/2	2	84	29	1/2	167	36
2	1	»	5	68	29	»	164	52
3	1	1/2	8	51	28	1/2	161	69
4	2	»	11	35	28	»	158	85
5	2	1/2	14	19	27	1/2	156	01
6	3	»	17	02	27	»	153	18
7	3	1/2	19	86	26	1/2	150	34
8	4	»	22	70	26	»	147	50
9	4	1/2	25	53	25	1/2	144	67
10	5	»	28	37	25	»	141	83
11	5	1/2	31	21	24	1/2	138	99
12	6	»	34	04	24	»	136	16
13	6	1/2	36	88	23	1/2	133	32
14	7	»	39	72	23	»	130	48
15	7	1/2	42	55	22	1/2	127	65
16	8	»	45	39	22	»	124	81
17	8	1/2	48	23	21	1/2	121	97
18	9	»	51	06	21	»	119	14
19	9	1/2	53	90	20	1/2	116	30
20	10	»	56	74	20	»	113	46
21	10	1/2	59	57	19	1/2	110	63
22	11	»	62	41	19	»	107	79
23	11	1/2	65	25	18	1/2	104	95
24	12	»	68	08	18	»	102	12
25	12	1/2	70	92	17	1/2	99	28
26	13	»	73	76	17	»	96	44
27	13	1/2	76	59	16	1/2	93	61
28	14	»	79	43	16	»	90	77
29	14	1/2	82	27	15	1/2	87	93
30	15	»	85	10	15	»	85	10

2.e TABLEAU.

Décompte du Traitement en cas de vacance.

AU TRÉSOR. — Traitement brut de l'emploi vacant. Nombre de jours de vacance.	Montant de la vacance.		AUX RETRAITES. — 5 pour 100 sur le nombre de jours d'activité. Nombre de jours d'activité.	Montant des retenues.		TRAITEMENT net revenant au titulaire. Nombre de jours d'activité.	Montant des sommes.	
»	»	»	30	8	96	30	170	20
1	5	97	29	8	66	29	164	53
2	11	94	28	8	37	28	158	85
3	17	91	27	8	07	27	153	18
4	23	89	26	7	77	26	147	50
5	29	86	25	7	47	25	141	83
6	35	83	24	7	17	24	136	16
7	41	80	23	6	87	23	130	49
8	47	78	22	6	57	22	124	81
9	53	75	21	6	28	21	119	13
10	59	72	20	5	98	20	113	46
11	65	69	19	5	68	19	107	79
12	71	66	18	5	38	18	102	12
13	77	64	17	5	08	17	96	44
14	83	61	16	4	78	16	90	77
15	89	58	15	4	48	15	85	10
16	95	55	14	4	19	14	79	42
17	101	53	13	3	89	13	73	74
18	107	50	12	3	59	12	68	07
19	113	47	11	3	29	11	62	40
20	119	44	10	2	99	10	56	73
21	125	41	9	2	69	9	51	06
22	131	39	8	2	39	8	45	38
23	137	36	7	2	09	7	39	71
24	143	33	6	1	80	6	34	03
25	149	30	5	1	50	5	28	36
26	155	28	4	1	20	4	22	68
27	161	25	3	»	90	3	17	01
28	167	22	2	»	60	2	11	34
29	173	19	1	»	30	1	5	67
30	179	16	»	»	»	»	»	»

Traitement annuel de 2200 francs.

1.er TABLEAU.

Décompte du Traitement en cas de congé.

NOMBRE DE JOURS pendant lesquels l'employé est resté en congé.	AUX RETRAITES. — Moitié du traitement net pendant la durée du congé.		TRAITEMENT net revenant au titulaire.	
	Nombre de jours.	Montant des retenues.	Nombre de jours.	Montant des sommes.
»	» »	» »	30 »	174 16
1	» 1/2	2 91	29 1/2	171 25
2	1 »	5 81	29 »	168 35
3	1 1/2	8 71	28 1/2	165 45
4	2 »	11 62	28 »	162 54
5	2 1/2	14 52	27 1/2	159 64
6	3 »	17 42	27 »	156 74
7	3 1/2	20 32	26 1/2	153 84
8	4 »	23 23	26 »	150 93
9	4 1/2	26 13	25 1/2	148 03
10	5 »	29 03	25 »	145 13
11	5 1/2	31 93	24 1/2	142 23
12	6 »	34 84	24 »	139 32
13	6 1/2	37 74	23 1/2	136 42
14	7 »	40 64	23 »	133 52
15	7 1/2	43 54	22 1/2	130 62
16	8 »	46 45	22 »	127 71
17	8 1/2	49 35	21 1/2	124 81
18	9 »	52 25	21 »	121 91
19	9 1/2	55 16	20 1/2	119 »
20	10 »	58 06	20 »	116 10
21	10 1/2	60 96	19 1/2	113 20
22	11 »	63 86	19 »	110 30
23	11 1/2	66 77	18 1/2	107 39
24	12 »	69 67	18 »	104 49
25	12 1/2	72 57	17 1/2	101 59
26	13 »	75 47	17 »	98 69
27	13 1/2	78 38	16 1/2	95 78
28	14 »	81 28	16 »	92 88
29	14 1/2	84 18	15 1/2	89 98
30	15 »	87 08	15 »	87 08

2.e TABLEAU.

Décompte du Traitement en cas de vacance.

AU TRÉSOR. — Traitement brut de l'emploi vacant.		AUX RETRAITES. — 5 pour 100 sur le nombre de jours d'activité.		TRAITEMENT net revenant au titulaire.	
Nombre de jours de vacance.	Montant de la vacance.	Nombre de jours d'activité.	Montant des retenues.	Nombre de jours d'activité.	Montant des sommes.
»	» »	30	9 17	30	174 16
1	6 11	29	8 87	29	168 35
2	12 22	28	8 56	28	162 55
3	18 33	27	8 25	27	156 75
4	24 45	26	7 95	26	150 93
5	30 56	25	7 64	25	145 13
6	36 67	24	7 34	24	139 32
7	42 78	23	7 03	23	133 52
8	48 89	22	6 73	22	127 71
9	55 »	21	6 42	21	121 91
10	61 11	20	6 12	20	116 10
11	67 22	19	5 81	19	110 30
12	73 33	18	5 50	18	104 50
13	79 45	17	5 20	17	98 68
14	85 56	16	4 89	16	92 88
15	91 67	15	4 59	15	87 07
16	97 78	14	4 28	14	81 27
17	103 89	13	3 98	13	75 46
18	110 »	12	3 67	12	69 66
19	116 11	11	3 37	11	63 85
20	122 22	10	3 06	10	58 05
21	128 33	9	2 75	9	52 25
22	134 45	8	2 45	8	46 43
23	140 56	7	2 14	7	40 63
24	146 67	6	1 84	6	34 82
25	152 78	5	1 53	5	29 02
26	158 89	4	1 23	4	23 21
27	165 »	3	» 92	3	17 41
28	171 11	2	» 62	2	11 60
29	177 22	1	» 31	1	5 80
30	183 33	»	» »	»	» »

Traitement annuel de 2250 francs.

1.er TABLEAU.

Décompte du Traitement en cas de congé.

NOMBRE DE JOURS pendant lesquels l'employé est resté en congé.	AUX RETRAITES. — Moitié du traitement net pendant la durée du congé.		TRAITEMENT net revenant au titulaire.	
	Nombre de jours.	Montant des retenues.	Nombre de jours.	Montant des sommes.
»	» »	» »	30 »	178 12
1	» 1/2	2 97	29 1/2	175 15
2	1 »	5 94	29 »	172 18
3	1 1/2	8 91	28 1/2	169 21
4	2 »	11 88	28 »	166 24
5	2 1/2	14 85	27 1/2	163 27
6	3 »	17 82	27 »	160 30
7	3 1/2	20 79	26 1/2	157 33
8	4 »	23 75	26 »	154 37
9	4 1/2	26 72	25 1/2	151 40
10	5 »	29 69	25 »	148 43
11	5 1/2	32 66	24 1/2	145 46
12	6 »	35 63	24 »	142 49
13	6 1/2	38 60	23 1/2	139 52
14	7 »	41 57	23 »	136 55
15	7 1/2	44 53	22 1/2	133 59
16	8 »	47 50	22 »	130 62
17	8 1/2	50 47	21 1/2	127 65
18	9 »	53 44	21 »	124 68
19	9 1/2	56 41	20 1/2	121 71
20	10 »	59 38	20 »	118 74
21	10 1/2	62 35	19 1/2	115 77
22	11 »	65 32	19 »	112 80
23	11 1/2	68 28	18 1/2	109 84
24	12 »	71 25	18 »	106 87
25	12 1/2	74 22	17 1/2	103 90
26	13 »	77 19	17 »	100 93
27	13 1/2	80 16	16 1/2	97 96
28	14 »	83 13	16 »	94 99
29	14 1/2	86 10	15 1/2	92 02
30	15 »	89 06	15 »	89 06

2.e TABLEAU.

Décompte du Traitement en cas de vacance.

AU TRÉSOR. — Traitement brut de l'emploi vacant.		AUX RETRAITES. — 5 pour 100 sur le nombre de jours d'activité.		TRAITEMENT net revenant au titulaire.	
Nombre de jours de vacance.	Montant de la vacance.	Nombre de jours d'activité.	Montant des retenues.	Nombre de jours d'activité.	Montant des sommes.
»	» »	30	9 38	30	178 12
1	6 25	29	9 07	29	172 18
2	12 50	28	8 75	28	166 25
3	18 75	27	8 44	27	160 31
4	25 »	26	8 13	26	154 37
5	31 25	25	7 82	25	148 43
6	37 50	24	7 50	24	142 50
7	43 75	23	7 19	23	136 56
8	50 »	22	6 88	22	130 62
9	56 25	21	6 57	21	124 68
10	62 50	20	6 25	20	118 75
11	68 75	19	5 94	19	112 81
12	75 »	18	5 63	18	106 87
13	81 25	17	5 32	17	100 93
14	87 50	16	5 »	16	95 »
15	93 75	15	4 69	15	89 06
16	100 »	14	4 38	14	83 12
17	106 25	13	4 07	13	77 18
18	112 50	12	3 75	12	71 25
19	118 75	11	3 44	11	65 31
20	125 »	10	3 13	10	59 37
21	131 25	9	2 82	9	53 43
22	137 50	8	2 50	8	47 50
23	143 75	7	2 19	7	41 56
24	150 »	6	1 88	6	35 62
25	156 25	5	1 57	5	29 68
26	162 50	4	1 25	4	23 75
27	168 75	3	» 94	3	17 81
28	175 »	2	» 63	2	11 87
29	181 25	1	» 32	1	5 93
30	187 50	»	» »	»	» »

Traitement annuel de 2300 francs.

1.er TABLEAU.

Décompte du Traitement en cas de congé.

NOMBRE DE JOURS pendant lesquels l'employé est resté en congé.	AUX RETRAITES. — Moitié du traitement net pendant la durée du congé.		TRAITEMENT net revenant au titulaire.	
	Nombre de jours.	Montant des retenues.	Nombre de jours.	Montant des sommes.
»	» »	» »	30 »	182 07
1	» 1/2	3 04	29 1/2	179 03
2	1 »	6 07	29 »	176 »
3	1 1/2	9 11	28 1/2	172 96
4	2 »	12 14	28 »	169 93
5	2 1/2	15 18	27 1/2	166 89
6	3 »	18 21	27 »	163 86
7	3 1/2	21 25	26 1/2	160 82
8	4 »	24 28	26 »	157 79
9	4 1/2	27 32	25 1/2	154 75
10	5 »	30 35	25 »	151 72
11	5 1/2	33 38	24 1/2	148 69
12	6 »	36 42	24 »	145 65
13	6 1/2	39 45	23 1/2	142 62
14	7 »	42 49	23 »	139 58
15	7 1/2	45 52	22 1/2	136 55
16	8 »	48 56	22 »	133 51
17	8 1/2	51 59	21 1/2	130 48
18	9 »	54 63	21 »	127 44
19	9 1/2	57 66	20 1/2	124 41
20	10 »	60 69	20 »	121 38
21	10 1/2	63 73	19 1/2	118 34
22	11 »	66 76	19 »	115 31
23	11 1/2	69 80	18 1/2	112 27
24	12 »	72 83	18 »	109 24
25	12 1/2	75 87	17 1/2	106 20
26	13 »	78 90	17 »	103 17
27	13 1/2	81 94	16 1/2	100 13
28	14 »	84 97	16 »	97 10
29	14 1/2	88 01	15 1/2	94 06
30	15 »	91 04	15 »	91 03

2.e TABLEAU.

Décompte du Traitement en cas de vacance.

AU TRÉSOR. — Traitement brut de l'emploi vacant.		AUX RETRAITES. — 5 pour 100 sur le nombre de jours d'activité.		TRAITEMENT net revenant au titulaire.	
Nombre de jours de vacance.	Montant de la vacance.	Nombre de jours d'activité.	Montant des retenues.	Nombre de jours d'activité.	Montant des sommes.
»	» »	30	9 59	30	182 07
1	6 39	29	9 27	29	176 »
2	12 78	28	8 95	28	169 93
3	19 16	27	8 63	27	163 87
4	25 55	26	8 31	26	157 80
5	31 94	25	7 99	25	151 73
6	38 33	24	7 67	24	145 66
7	44 72	23	7 35	23	139 59
8	51 11	22	7 03	22	133 52
9	57 50	21	6 71	21	127 45
10	63 89	20	6 39	20	121 38
11	70 28	19	6 07	19	115 31
12	76 66	18	5 75	18	109 25
13	83 05	17	5 44	17	103 17
14	89 44	16	5 12	16	97 10
15	95 83	15	4 80	15	91 03
16	102 22	14	4 48	14	84 96
17	108 61	13	4 16	13	78 89
18	115 »	12	3 84	12	72 82
19	121 39	11	3 52	11	66 75
20	127 78	10	3 20	10	60 68
21	134 16	9	2 88	9	54 62
22	140 55	8	2 56	8	48 55
23	146 94	7	2 24	7	42 48
24	153 33	6	1 92	6	36 41
25	159 72	5	1 60	5	30 34
26	166 11	4	1 28	4	24 27
27	172 50	3	» 96	3	18 20
28	178 89	2	» 64	2	12 13
29	185 28	1	» 32	1	6 06
30	191 66	»	» »	»	» »

Traitement annuel de 2400 francs.

1.er TABLEAU.

Décompte du Traitement en cas de congé.

NOMBRE DE JOURS pendant lesquels l'employé est resté en congé.	AUX RETRAITES. — Moitié du traitement net pendant la durée du congé.		TRAITEMENT net revenant au titulaire.	
	Nombre de jours.	Montant des retenues.	Nombre de jours.	Montant des sommes.
»	» »	» »	30 »	190 »
1	» 1/2	3 17	29 1/2	186 83
2	1 »	6 34	29 »	183 66
3	1 1/2	9 50	28 1/2	180 50
4	2 »	12 67	28 »	177 33
5	2 1/2	15 84	27 1/2	174 16
6	3 »	19 »	27 »	171 »
7	3 1/2	22 17	26 1/2	167 83
8	4 »	25 34	26 »	164 66
9	4 1/2	28 50	25 1/2	161 50
10	5 »	31 67	25 »	158 33
11	5 1/2	34 84	24 1/2	155 16
12	6 »	38 »	24 »	152 »
13	6 1/2	41 17	23 1/2	148 83
14	7 »	44 34	23 »	145 66
15	7 1/2	47 50	22 1/2	142 50
16	8 »	50 67	22 »	139 33
17	8 1/2	53 84	21 1/2	136 16
18	9 »	57 »	21 »	133 »
19	9 1/2	60 17	20 1/2	129 83
20	10 »	63 34	20 »	126 66
21	10 1/2	66 50	19 1/2	123 50
22	11 »	69 67	19 »	120 33
23	11 1/2	72 84	18 1/2	117 16
24	12 »	76 »	18 »	114 »
25	12 1/2	79 17	17 1/2	110 83
26	13 »	82 34	17 »	107 66
27	13 1/2	85 50	16 1/2	104 50
28	14 »	88 67	16 »	101 33
29	14 1/2	91 84	15 1/2	98 16
30	15 »	95 »	15 »	95 »

2.e TABLEAU.

Décompte du Traitement en cas de vacance.

AU TRÉSOR. — Traitement brut de l'emploi vacant.		AUX RETRAITES. — 5 pour 100 sur le nombre de jours d'activité.		TRAITEMENT net revenant au titulaire.	
Nombre de jours de vacance.	Montant de la vacance.	Nombre de jours d'activité.	Montant des retenues.	Nombre de jours d'activité.	Montant des sommes.
»	» »	30	10 »	30	190 »
1	6 67	29	9 67	29	183 66
2	13 34	28	9 34	28	177 32
3	20 »	27	9 »	27	171 »
4	26 67	26	8 67	26	164 66
5	33 34	25	8 34	25	158 32
6	40 »	24	8 »	24	152 »
7	46 67	23	7 67	23	145 66
8	53 34	22	7 34	22	139 32
9	60 »	21	7 »	21	133 »
10	66 67	20	6 67	20	126 66
11	73 34	19	6 34	19	120 32
12	80 »	18	6 »	18	114 »
13	86 67	17	5 67	17	107 66
14	93 34	16	5 34	16	101 32
15	100 »	15	5 »	15	95 »
16	106 67	14	4 67	14	88 66
17	113 34	13	4 34	13	82 32
18	120 »	12	4 »	12	76 »
19	126 67	11	3 67	11	69 66
20	133 34	10	3 34	10	63 32
21	140 »	9	3 »	9	57 »
22	146 67	8	2 67	8	50 66
23	153 34	7	2 34	7	44 32
24	160 »	6	2 »	6	38 »
25	166 67	5	1 67	5	31 66
26	173 34	4	1 34	4	25 32
27	180 »	3	1 »	3	19 »
28	186 67	2	» 67	2	12 66
29	193 34	1	» 34	1	6 32
30	200 »	»	» »	»	» »

Traitement annuel de 2500 francs.

1.er TABLEAU.

Décompte du Traitement en cas de congé.

NOMBRE DE JOURS pendant lesquels l'employé est resté en congé.	AUX RETRAITES. — Moitié du traitement net pendant la durée du congé.		TRAITEMENT net revenant au titulaire.	
	Nombre de jours.	Montant des retenues.	Nombre de jours.	Montant des sommes.
»	» »	» »	30 »	197 91
1	» 1/2	3 30	29 1/2	194 61
2	1 »	6 60	29 »	191 31
3	1 1/2	9 90	28 1/2	188 01
4	2 »	13 20	28 »	184 71
5	2 1/2	16 50	27 1/2	181 41
6	3 »	19 80	27 »	178 11
7	3 1/2	23 09	26 1/2	174 82
8	4 »	26 39	26 »	171 52
9	4 1/2	29 69	25 1/2	168 22
10	5 »	32 99	25 »	164 92
11	5 1/2	36 29	24 1/2	161 62
12	6 »	39 59	24 »	158 32
13	6 1/2	42 89	23 1/2	155 02
14	7 »	46 18	23 »	151 73
15	7 1/2	49 48	22 1/2	148 43
16	8 »	52 78	22 »	145 13
17	8 1/2	56 08	21 1/2	141 83
18	9 »	59 38	21 »	138 53
19	9 1/2	62 68	20 1/2	135 23
20	10 »	65 97	20 »	131 94
21	10 1/2	69 27	19 1/2	128 64
22	11 »	72 57	19 »	125 34
23	11 1/2	75 87	18 1/2	122 04
24	12 »	79 17	18 »	118 74
25	12 1/2	82 47	17 1/2	115 44
26	13 »	85 77	17 »	112 14
27	13 1/2	89 06	16 1/2	108 85
28	14 »	92 36	16 »	105 55
29	14 1/2	95 66	15 1/2	102 25
30	15 »	98 96	15 »	98 95

2.e TABLEAU.

Décompte du Traitement en cas de vacance.

AU TRÉSOR. — Traitement brut de l'emploi vacant.		AUX RETRAITES. — 5 pour 100 sur le nombre de jours d'activité.		TRAITEMENT net revenant au titulaire.	
Nombre de jours de vacance.	Montant de la vacance.	Nombre de jours d'activité.	Montant des retenues.	Nombre de jours d'activité.	Montant des sommes.
»	» »	30	10 42	30	197 91
1	6 95	29	10 07	29	191 31
2	13 89	28	9 73	28	184 71
3	20 83	27	9 38	27	178 12
4	27 78	26	9 03	26	171 52
5	34 72	25	8 69	25	164 92
6	41 67	24	8 34	24	158 32
7	48 61	23	7 99	23	151 73
8	55 56	22	7 64	22	145 13
9	62 50	21	7 30	21	138 53
10	69 45	20	6 95	20	131 93
11	76 39	19	6 60	19	125 34
12	83 33	18	6 25	18	118 75
13	90 28	17	5 91	17	112 14
14	97 22	16	5 56	16	105 55
15	104 17	15	5 21	15	98 95
16	111 11	14	4 87	14	92 35
17	118 06	13	4 52	13	85 75
18	125 »	12	4 17	12	79 16
19	131 95	11	3 82	11	72 56
20	138 89	10	3 48	10	65 96
21	145 83	9	3 13	9	59 37
22	152 78	8	2 78	8	52 77
23	159 72	7	2 44	7	46 17
24	166 67	6	2 09	6	39 57
25	173 61	5	1 74	5	32 98
26	180 56	4	1 39	4	26 38
27	187 50	3	1 05	3	19 78
28	194 45	2	» 70	2	13 18
29	201 39	1	» 35	1	6 59
30	208 33	»	» »	»	» »

Traitement annuel de 2600 francs.

1.er TABLEAU.

Décompte du Traitement en cas de congé.

NOMBRE DE JOURS pendant lesquels l'employé est resté en congé.	AUX RETRAITES. — Moitié du traitement net pendant la durée du congé.		TRAITEMENT net revenant au titulaire.	
	Nombre de jours.	Montant des retenues.	Nombre de jours.	Montant des sommes.
»	» »	» »	30 »	205 82
1	» 1/2	3 44	29 1/2	202 38
2	1 »	6 87	29 »	198 95
3	1 1/2	10 30	28 1/2	195 52
4	2 »	13 73	28 »	192 09
5	2 1/2	17 16	27 1/2	188 66
6	3 »	20 59	27 »	185 23
7	3 1/2	24 02	26 1/2	181 80
8	4 »	27 45	26 »	178 37
9	4 1/2	30 88	25 1/2	174 94
10	5 »	34 31	25 »	171 51
11	5 1/2	37 74	24 1/2	168 08
12	6 »	41 17	24 »	164 65
13	6 1/2	44 60	23 1/2	161 22
14	7 »	48 03	23 »	157 79
15	7 1/2	51 46	22 1/2	154 36
16	8 »	54 89	22 »	150 93
17	8 1/2	58 32	21 1/2	147 50
18	9 »	61 75	21 »	144 07
19	9 1/2	65 18	20 1/2	140 64
20	10 »	68 61	20 »	137 21
21	10 1/2	72 04	19 1/2	133 78
22	11 »	75 47	19 »	130 35
23	11 1/2	78 90	18 1/2	126 92
24	12 »	82 33	18 »	123 49
25	12 1/2	85 76	17 1/2	120 06
26	13 »	89 19	17 »	116 63
27	13 1/2	92 62	16 1/2	113 20
28	14 »	96 05	16 »	109 77
29	14 1/2	99 48	15 1/2	106 34
30	15 »	102 91	15 »	102 91

2.e TABLEAU.

Décompte du Traitement en cas de vacance.

AU TRÉSOR. — Traitement brut de l'emploi vacant.		AUX RETRAITES. — 5 pour 100 sur le nombre de jours d'activité.		TRAITEMENT net revenant au titulaire.	
Nombre de jours de vacance.	Montant de la vacance.	Nombre de jours d'activité.	Montant des retenues.	Nombre de jours d'activité.	Montant des sommes.
»	» »	30	10 84	30	205 82
1	7 22	29	10 48	29	198 96
2	14 44	28	10 12	28	192 10
3	21 66	27	9 75	27	185 25
4	28 89	26	9 39	26	178 38
5	36 11	25	9 03	25	171 52
6	43 33	24	8 67	24	164 66
7	50 55	23	8 31	23	157 80
8	57 78	22	7 95	22	150 93
9	65 »	21	7 59	21	144 07
10	72 22	20	7 23	20	137 21
11	79 44	19	6 87	19	130 35
12	86 66	18	6 50	18	123 50
13	93 89	17	6 14	17	116 63
14	101 11	16	5 78	16	109 77
15	108 33	15	5 42	15	102 91
16	115 55	14	5 06	14	96 05
17	122 78	13	4 70	13	89 18
18	130 »	12	4 34	12	82 32
19	137 22	11	3 98	11	75 46
20	144 44	10	3 62	10	68 60
21	151 66	9	3 25	9	61 75
22	158 89	8	2 89	8	54 88
23	166 11	7	2 53	7	48 02
24	173 33	6	2 17	6	41 16
25	180 55	5	1 81	5	34 30
26	187 78	4	1 45	4	27 43
27	195 »	3	1 09	3	20 57
28	202 22	2	» 73	2	13 71
29	209 44	1	» 37	1	6 85
30	216 66	»	» »	»	» »

Traitement annuel de 2800 francs.

1.er TABLEAU.

Décompte du Traitement en cas de congé.

NOMBRE DE JOURS pendant lesquels l'employé est resté en congé.	AUX RETRAITES. — Moitié du traitement net pendant la durée du congé.		TRAITEMENT net revenant au titulaire.	
	Nombre de jours.	Montant des retenues.	Nombre de jours.	Montant des sommes.
»	» »	» »	30 »	221 66
1	» 1/2	3 70	29 1/2	217 96
2	1 »	7 39	29 »	214 27
3	1 1/2	11 09	28 1/2	210 57
4	2 »	14 78	28 »	206 88
5	2 1/2	18 48	27 1/2	203 18
6	3 »	22 17	27 »	199 49
7	3 1/2	25 87	26 1/2	195 79
8	4 »	29 56	26 »	192 10
9	4 1/2	33 25	25 1/2	188 41
10	5 »	36 95	25 »	184 71
11	5 1/2	40 64	24 1/2	181 02
12	6 »	44 34	24 »	177 32
13	6 1/2	48 03	23 1/2	173 63
14	7 »	51 73	23 »	169 93
15	7 1/2	55 42	22 1/2	166 24
16	8 »	59 11	22 »	162 55
17	8 1/2	62 81	21 1/2	158 85
18	9 »	66 50	21 »	155 16
19	9 1/2	70 20	20 1/2	151 46
20	10 »	73 89	20 »	147 77
21	10 1/2	77 59	19 1/2	144 07
22	11 »	81 28	19 »	140 38
23	11 1/2	84 97	18 1/2	136 69
24	12 »	88 67	18 »	132 99
25	12 1/2	92 36	17 1/2	129 30
26	13 »	96 06	17 »	125 60
27	13 1/2	99 75	16 1/2	121 91
28	14 »	103 45	16 »	118 21
29	14 1/2	107 14	15 1/2	114 52
30	15 »	110 83	15 »	110 83

2.e TABLEAU.

Décompte du Traitement en cas de vacance.

AU TRÉSOR. — Traitement brut de l'emploi vacant.		AUX RETRAITES. — 5 pour 100 sur le nombre de jours d'activité.		TRAITEMENT net revenant au titulaire.	
Nombre de jours de vacance.	Montant de la vacance.	Nombre de jours d'activité.	Montant des retenues.	Nombre de jours d'activité.	Montant des sommes.
»	» »	30	11 67	30	221 66
1	7 78	29	11 28	29	214 27
2	15 56	28	10 89	28	206 88
3	23 33	27	10 50	27	199 50
4	31 11	26	10 12	26	192 10
5	38 89	25	9 73	25	184 71
6	46 67	24	9 34	24	177 32
7	54 45	23	8 95	23	169 93
8	62 22	22	8 56	22	162 55
9	70 »	21	8 17	21	155 16
10	77 78	20	7 78	20	147 77
11	85 56	19	7 39	19	140 38
12	93 33	18	7 »	18	133 »
13	101 11	17	6 62	17	125 60
14	108 89	16	6 23	16	118 21
15	116 67	15	5 84	15	110 82
16	124 45	14	5 45	14	103 43
17	132 22	13	5 06	13	96 05
18	140 »	12	4 67	12	88 66
19	147 78	11	4 28	11	81 27
20	155 56	10	3 89	10	73 88
21	163 33	9	3 50	9	66 50
22	171 11	8	3 12	8	59 10
23	178 89	7	2 73	7	51 71
24	186 67	6	2 34	6	44 32
25	194 45	5	1 95	5	36 93
26	202 22	4	1 56	4	29 55
27	210 »	3	1 17	3	22 16
28	217 78	2	» 78	2	14 77
29	225 56	1	» 39	1	7 38
30	233 33	»	» »	»	» »

Traitement annuel de 3000 francs.

1.er TABLEAU.

Décompte du Traitement en cas de congé.

NOMBRE DE JOURS pendant lesquels l'employé est resté en congé.	AUX RETRAITES. — Moitié du traitement net pendant la durée du congé.		TRAITEMENT net revenant au titulaire.	
	Nombre de jours.	Montant des retenues.	Nombre de jours.	Montant des sommes.
»	» »	» »	30 »	237 50
1	» 1/2	3 96	29 1/2	233 54
2	1 »	7 92	29 »	229 58
3	1 1/2	11 88	28 1/2	225 62
4	2 »	15 84	28 »	221 66
5	2 1/2	19 80	27 1/2	217 70
6	3 »	23 75	27 »	213 75
7	3 1/2	27 71	26 1/2	209 79
8	4 »	31 67	26 »	205 83
9	4 1/2	35 63	25 1/2	201 87
10	5 »	39 59	25 »	197 91
11	5 1/2	43 55	24 1/2	193 95
12	6 »	47 50	24 »	190 »
13	6 1/2	51 46	23 1/2	186 04
14	7 »	55 42	23 »	182 08
15	7 1/2	59 38	22 1/2	178 12
16	8 »	63 34	22 »	174 16
17	8 1/2	67 30	21 1/2	170 20
18	9 »	71 25	21 »	166 25
19	9 1/2	75 21	20 1/2	162 29
20	10 »	79 17	20 »	158 33
21	10 1/2	83 13	19 1/2	154 37
22	11 »	87 09	19 »	150 41
23	11 1/2	91 05	18 1/2	146 45
24	12 »	95 »	18 »	142 50
25	12 1/2	98 96	17 1/2	138 54
26	13 »	102 92	17 »	134 58
27	13 1/2	106 88	16 1/2	130 62
28	14 »	110 84	16 »	126 66
29	14 1/2	114 80	15 1/2	122 70
30	15 »	118 75	15 »	118 75

2.e TABLEAU.

Décompte du Traitement en cas de vacance.

AU TRÉSOR. — Traitement brut de l'emploi vacant.		AUX RETRAITES. — 5 pour 100 sur le nombre de jours d'activité.		TRAITEMENT net revenant au titulaire.	
Nombre de jours de vacance.	Montant de la vacance.	Nombre de jours d'activité.	Montant des retenues.	Nombre de jours d'activité.	Montant des sommes.
»	» »	30	12 50	30	237 50
1	8 34	29	12 09	29	229 57
2	16 67	28	11 67	28	221 66
3	25 »	27	11 25	27	213 75
4	33 34	26	10 84	26	205 82
5	41 67	25	10 42	25	197 91
6	50 »	24	10 »	24	190 »
7	58 34	23	9 59	23	182 07
8	66 67	22	9 17	22	174 16
9	75 »	21	8 75	21	166 25
10	83 34	20	8 34	20	158 32
11	91 67	19	7 92	19	150 41
12	100 »	18	7 50	18	142 50
13	108 34	17	7 09	17	134 57
14	116 67	16	6 67	16	126 66
15	125 »	15	6 25	15	118 75
16	133 34	14	5 84	14	110 82
17	141 67	13	5 42	13	102 91
18	150 »	12	5 »	12	95 »
19	158 34	11	4 59	11	87 07
20	166 67	10	4 17	10	79 16
21	175 »	9	3 75	9	71 25
22	183 34	8	3 34	8	63 32
23	191 67	7	2 92	7	55 41
24	200 »	6	2 50	6	47 50
25	208 34	5	2 09	5	39 57
26	216 67	4	1 67	4	31 66
27	225 »	3	1 25	3	23 75
28	233 34	2	» 84	2	15 82
29	241 67	1	» 42	1	7 91
30	250 »	»	» »	»	» »

Traitement annuel de 3500 francs.

1.er TABLEAU.

Décompte du Traitement en cas de congé.

NOMBRE DE JOURS pendant lesquels l'employé est resté en congé.	AUX RETRAITES. — Moitié du traitement net pendant la durée du congé.		TRAITEMENT net revenant au titulaire.	
	Nombre de jours.	Montant des retenues.	Nombre de jours.	Montant des sommes.
»	» »	» »	30 »	277 07
1	» 1/2	4 62	29 1/2	272 45
2	1 »	9 24	29 »	267 83
3	1 1/2	13 86	28 1/2	263 21
4	2 »	18 48	28 »	258 59
5	2 1/2	23 09	27 1/2	253 98
6	3 »	27 71	27 »	249 36
7	3 1/2	32 33	26 1/2	244 74
8	4 »	36 95	26 »	240 12
9	4 1/2	41 57	25 1/2	235 50
10	5 »	46 18	25 »	230 89
11	5 1/2	50 80	24 1/2	226 27
12	6 »	55 42	24 »	221 65
13	6 1/2	60 04	23 1/2	217 03
14	7 »	64 65	23 »	212 42
15	7 1/2	69 27	22 1/2	207 80
16	8 »	73 89	22 »	203 18
17	8 1/2	78 51	21 1/2	198 56
18	9 »	83 13	21 »	193 94
19	9 1/2	87 74	20 1/2	189 33
20	10 »	92 36	20 »	184 71
21	10 1/2	96 98	19 1/2	180 09
22	11 »	101 60	19 »	175 47
23	11 1/2	106 22	18 1/2	170 85
24	12 »	110 83	18 »	166 24
25	12 1/2	115 45	17 1/2	161 62
26	13 »	120 07	17 »	157 »
27	13 1/2	124 69	16 1/2	152 38
28	14 »	129 30	16 »	147 77
29	14 1/2	133 92	15 1/2	143 15
30	15 »	138 54	15 »	138 53

2.e TABLEAU.

Décompte du Traitement en cas de vacance.

AU TRÉSOR. — Traitement brut de l'emploi vacant.		AUX RETRAITES. — 5 pour 100 sur le nombre de jours d'activité.		TRAITEMENT net revenant au titulaire.	
Nombre de jours de vacance.	Montant de la vacance.	Nombre de jours d'activité.	Montant des retenues.	Nombre de jours d'activité.	Montant des sommes.
»	» »	30	14 59	30	277 07
1	9 72	29	14 10	29	267 84
2	19 44	28	13 62	28	258 60
3	29 16	27	13 13	27	249 37
4	38 89	26	12 64	26	240 13
5	48 61	25	12 16	25	230 89
6	58 33	24	11 67	24	221 66
7	68 05	23	11 19	23	212 42
8	77 78	22	10 70	22	203 18
9	87 50	21	10 21	21	193 95
10	97 22	20	9 73	20	184 71
11	106 94	19	9 24	19	175 48
12	116 66	18	8 75	18	166 25
13	126 39	17	8 27	17	157 »
14	136 11	16	7 78	16	147 77
15	145 83	15	7 30	15	138 53
16	155 55	14	6 81	14	129 30
17	165 28	13	6 32	13	120 06
18	175 »	12	5 84	12	110 82
19	184 72	11	5 35	11	101 59
20	194 44	10	4 87	10	92 35
21	204 16	9	4 38	9	83 12
22	213 89	8	3 89	8	73 88
23	223 61	7	3 41	7	64 64
24	233 33	6	2 92	6	55 41
25	243 05	5	2 44	5	46 17
26	252 78	4	1 95	4	36 93
27	262 50	3	1 46	3	27 70
28	272 22	2	» 98	2	18 46
29	281 94	1	» 49	1	9 23
30	291 66	»	» »	»	» »

Traitement annuel de 3600 francs.

1.er TABLEAU.

Décompte du Traitement en cas de congé.

NOMBRE DE JOURS pendant lesquels l'employé est resté en congé.	AUX RETRAITES. — Moitié du traitement net pendant la durée du congé.		TRAITEMENT net revenant au titulaire.	
	Nombre de jours.	Montant des retenues.	Nombre de jours.	Montant des sommes.
»	» »	» »	30 »	285 »
1	» 1/2	4 75	29 1/2	280 25
2	1 »	9 50	29 »	275 50
3	1 1/2	14 25	28 1/2	270 75
4	2 »	19 »	28 »	266 »
5	2 1/2	23 75	27 1/2	261 25
6	3 »	28 50	27 »	256 50
7	3 1/2	33 25	26 1/2	251 75
8	4 »	38 »	26 »	247 »
9	4 1/2	42 75	25 1/2	242 25
10	5 »	47 50	25 »	237 50
11	5 1/2	52 25	24 1/2	232 75
12	6 »	57 »	24 »	228 »
13	6 1/2	61 75	23 1/2	223 25
14	7 »	66 50	23 »	218 50
15	7 1/2	71 25	22 1/2	213 75
16	8 »	76 »	22 »	209 »
17	8 1/2	80 75	21 1/2	204 25
18	9 »	85 50	21 »	199 50
19	9 1/2	90 25	20 1/2	194 75
20	10 »	95 »	20 »	190 »
21	10 1/2	99 75	19 1/2	185 25
22	11 »	104 50	19 »	180 50
23	11 1/2	109 25	18 1/2	175 75
24	12 »	114 »	18 »	171 »
25	12 1/2	118 75	17 1/2	166 25
26	13 »	123 50	17 »	161 50
27	13 1/2	128 25	16 1/2	156 75
28	14 »	133 »	16 »	152 »
29	14 1/2	137 75	15 1/2	147 25
30	15 »	142 50	15 »	142 50

2.e TABLEAU.

Décompte du Traitement en cas de vacance.

AU TRÉSOR. — Traitement brut de l'emploi vacant.		AUX RETRAITES. — 5 pour 100 sur le nombre de jours d'activité.		TRAITEMENT net revenant au titulaire.	
Nombre de jours de vacance.	Montant de la vacance.	Nombre de jours d'activité.	Montant des retenues.	Nombre de jours d'activité.	Montant des sommes.
»	» »	30	15 »	30	285 »
1	10 »	29	14 50	29	275 50
2	20 »	28	14 »	28	266 »
3	30 »	27	13 50	27	256 50
4	40 »	26	13 »	26	247 »
5	50 »	25	12 50	25	237 50
6	60 »	24	12 »	24	228 »
7	70 »	23	11 50	23	218 50
8	80 »	22	11 »	22	209 »
9	90 »	21	10 50	21	199 50
10	100 »	20	10 »	20	190 »
11	110 »	19	9 50	19	180 50
12	120 »	18	9 »	18	171 »
13	130 »	17	8 50	17	161 50
14	140 »	16	8 »	16	152 »
15	150 »	15	7 50	15	142 50
16	160 »	14	7 »	14	133 »
17	170 »	13	6 50	13	123 50
18	180 »	12	6 »	12	114 »
19	190 »	11	5 50	11	104 50
20	200 »	10	5 »	10	95 »
21	210 »	9	4 50	9	85 50
22	220 »	8	4 »	8	76 »
23	230 »	7	3 50	7	66 50
24	240 »	6	3 »	6	57 »
25	250 »	5	2 50	5	47 50
26	260 »	4	2 »	4	38 »
27	270 »	3	1 50	3	28 50
28	280 »	2	1 »	2	19 »
29	290 »	1	» 50	1	9 50
30	300 »	»	» »	»	» »

Traitement annuel de 4000 francs.

1.er TABLEAU.

Décompte du Traitement en cas de congé.

NOMBRE DE JOURS pendant lesquels l'employé est resté en congé.	AUX RETRAITES. — Moitié du traitement net pendant la durée du congé.		TRAITEMENT net revenant au titulaire.	
	Nombre de jours.	Montant des retenues.	Nombre de jours.	Montant des sommes.
»	» »	» »	30 »	316 66
1	» 1/2	5 28	29 1/2	311 38
2	1 »	10 56	29 »	306 10
3	1 1/2	15 84	28 1/2	300 82
4	2 »	21 12	28 »	295 54
5	2 1/2	26 39	27 1/2	290 27
6	3 »	31 67	27 »	284 99
7	3 1/2	36 95	26 1/2	279 71
8	4 »	42 23	26 »	274 43
9	4 1/2	47 50	25 1/2	269 16
10	5 »	52 78	25 »	263 88
11	5 1/2	58 06	24 1/2	258 60
12	6 »	63 34	24 »	253 32
13	6 1/2	68 61	23 1/2	248 05
14	7 »	73 89	23 »	242 77
15	7 1/2	79 17	22 1/2	237 49
16	8 »	84 45	22 »	232 21
17	8 1/2	89 73	21 1/2	226 93
18	9 »	95 »	21 »	221 66
19	9 1/2	100 28	20 1/2	216 38
20	10 »	105 56	20 »	211 10
21	10 1/2	110 84	19 1/2	205 82
22	11 »	116 11	19 »	200 55
23	11 1/2	121 39	18 1/2	195 27
24	12 »	126 67	18 »	189 99
25	12 1/2	131 95	17 1/2	184 71
26	13 »	137 22	17 »	179 44
27	13 1/2	142 50	16 1/2	174 16
28	14 »	147 78	16 »	168 88
29	14 1/2	153 06	15 1/2	163 60
30	15 »	158 33	15 »	158 33

2.e TABLEAU.

Décompte du Traitement en cas de vacance.

AU TRÉSOR. — Traitement brut de l'emploi vacant.		AUX RETRAITES. — 5 pour 100 sur le nombre de jours d'activité.		TRAITEMENT net revenant au titulaire.	
Nombre de jours de vacance.	Montant de la vacance.	Nombre de jours d'activité.	Montant des retenues.	Nombre de jours d'activité.	Montant des sommes.
»	» »	30	16 67	30	316 66
1	11 11	29	16 12	29	306 10
2	22 22	28	15 56	28	295 55
3	33 33	27	15 »	27	285 »
4	44 45	26	14 45	26	274 43
5	55 56	25	13 89	25	263 88
6	66 67	24	13 34	24	253 32
7	77 78	23	12 78	23	242 77
8	88 89	22	12 23	22	232 21
9	100 »	21	11 67	21	221 66
10	111 11	20	11 12	20	211 10
11	122 22	19	10 56	19	200 55
12	133 33	18	10 »	18	190 »
13	144 45	17	9 45	17	179 43
14	155 56	16	8 89	16	168 88
15	166 67	15	8 34	15	158 32
16	177 78	14	7 78	14	147 77
17	188 89	13	7 23	13	137 21
18	200 »	12	6 67	12	126 66
19	211 11	11	6 12	11	116 10
20	222 22	10	5 56	10	105 55
21	233 33	9	5 »	9	95 »
22	244 45	8	4 45	8	84 43
23	255 56	7	3 89	7	73 88
24	266 67	6	3 34	6	63 32
25	277 78	5	2 78	5	52 77
26	288 89	4	2 23	4	42 21
27	300 »	3	1 67	3	31 66
28	311 11	2	1 12	2	21 10
29	322 22	1	» 56	1	10 55
30	333 33	»	» »	»	» »

Traitement annuel de 4500 francs.

1.er TABLEAU.

Décompte du Traitement en cas de congé.

NOMBRE DE JOURS pendant lesquels l'employé est resté en congé.	AUX RETRAITES. — Moitié du traitement net pendant la durée du congé.		TRAITEMENT net revenant au titulaire.	
	Nombre de jours.	Montant des retenues.	Nombre de jours.	Montant des sommes.
»	» »	» »	30 »	356 25
1	» 1/2	5 94	29 1/2	350 31
2	1 »	11 88	29 »	344 37
3	1 1/2	17 82	28 1/2	338 43
4	2 »	23 75	28 »	332 50
5	2 1/2	29 69	27 1/2	326 56
6	3 »	35 63	27 »	320 62
7	3 1/2	41 57	26 1/2	314 68
8	4 »	47 50	26 »	308 75
9	4 1/2	53 44	25 1/2	302 81
10	5 »	59 38	25 »	296 87
11	5 1/2	65 32	24 1/2	290 93
12	6 »	71 25	24 »	285 »
13	6 1/2	77 19	23 1/2	279 06
14	7 »	83 13	23 »	273 12
15	7 1/2	89 07	22 1/2	267 18
16	8 »	95 »	22 »	261 25
17	8 1/2	100 94	21 1/2	255 31
18	9 »	106 88	21 »	249 37
19	9 1/2	112 82	20 1/2	243 43
20	10 »	118 75	20 »	237 50
21	10 1/2	124 69	19 1/2	231 56
22	11 »	130 63	19 »	225 62
23	11 1/2	136 57	18 1/2	219 68
24	12 »	142 50	18 »	213 75
25	12 1/2	148 44	17 1/2	207 81
26	13 »	154 38	17 »	201 87
27	13 1/2	160 32	16 1/2	195 93
28	14 »	166 25	16 »	190 »
29	14 1/2	172 19	15 1/2	184 06
30	15 »	178 13	15 »	178 12

2.e TABLEAU.

Décompte du Traitement en cas de vacance.

AU TRÉSOR. — Traitement brut de l'emploi vacant.		AUX RETRAITES. — 5 pour 100 sur le nombre de jours d'activité.		TRAITEMENT net revenant au titulaire.	
Nombre de jours de vacance.	Montant de la vacance.	Nombre de jours d'activité.	Montant des retenues.	Nombre de jours d'activité.	Montant des sommes.
»	» »	30	18 75	30	356 25
1	12 50	29	18 13	29	344 37
2	25 »	28	17 50	28	332 50
3	37 50	27	16 88	27	320 62
4	50 »	26	16 25	26	308 75
5	62 50	25	15 63	25	296 87
6	75 »	24	15 »	24	285 »
7	87 50	23	14 38	23	273 12
8	100 »	22	13 75	22	261 25
9	112 50	21	13 13	21	249 37
10	125 »	20	12 50	20	237 50
11	137 50	19	11 88	19	225 62
12	150 »	18	11 25	18	213 75
13	162 50	17	10 63	17	201 87
14	175 »	16	10 »	16	190 »
15	187 50	15	9 38	15	178 12
16	200 »	14	8 75	14	166 25
17	212 50	13	8 13	13	154 37
18	225 »	12	7 50	12	142 50
19	237 50	11	6 88	11	130 62
20	250 »	10	6 25	10	118 75
21	262 50	9	5 63	9	106 87
22	275 »	8	5 »	8	95 »
23	287 50	7	4 38	7	83 12
24	300 »	6	3 75	6	71 25
25	312 50	5	3 13	5	59 37
26	325 »	4	2 50	4	47 50
27	337 50	3	1 88	3	35 62
28	350 »	2	1 25	2	23 75
29	362 50	1	» 63	1	11 87
30	375 »	»	» »	»	» »

Traitement annuel de 4800 francs.

1.er TABLEAU.

Décompte du Traitement en cas de congé.

NOMBRE DE JOURS pendant lesquels l'employé est resté en congé.	AUX RETRAITES. — Moitié du traitement net pendant la durée du congé.		TRAITEMENT net revenant au titulaire.	
	Nombre de jours.	Montant des retenues.	Nombre de jours.	Montant des sommes.
»	» »	» »	30 »	380 »
1	» 1/2	6 34	29 1/2	373 66
2	1 »	12 67	29 »	367 33
3	1 1/2	19 »	28 1/2	361 »
4	2 »	25 34	28 »	354 66
5	2 1/2	31 67	27 1/2	348 33
6	3 »	38 »	27 »	342 »
7	3 1/2	44 34	26 1/2	335 66
8	4 »	50 67	26 »	329 33
9	4 1/2	57 »	25 1/2	323 »
10	5 »	63 34	25 »	316 66
11	5 1/2	69 67	24 1/2	310 33
12	6 »	76 »	24 »	304 »
13	6 1/2	82 34	23 1/2	297 66
14	7 »	88 67	23 »	291 33
15	7 1/2	95 »	22 1/2	285 »
16	8 »	101 34	22 »	278 66
17	8 1/2	107 67	21 1/2	272 33
18	9 »	114 »	21 »	266 »
19	9 1/2	120 34	20 1/2	259 66
20	10 »	126 67	20 »	253 33
21	10 1/2	133 »	19 1/2	247 »
22	11 »	139 34	19 »	240 66
23	11 1/2	145 67	18 1/2	234 33
24	12 »	152 »	18 »	228 »
25	12 1/2	158 34	17 1/2	221 66
26	13 »	164 67	17 »	215 33
27	13 1/2	171 »	16 1/2	209 »
28	14 »	177 34	16 »	202 66
29	14 1/2	183 67	15 1/2	196 33
30	15 »	190 »	15 »	190 »

2.e TABLEAU.

Décompte du Traitement en cas de vacance.

AU TRÉSOR. — Traitement brut de l'emploi vacant.		AUX RETRAITES. — 5 pour 100 sur le nombre de jours d'activité.		TRAITEMENT net revenant au titulaire.	
Nombre de jours de vacance.	Montant de la vacance.	Nombre de jours d'activité.	Montant des retenues.	Nombre de jours d'activité.	Montant des sommes.
»	» »	30	20 »	30	380 »
1	13 34	29	19 34	29	367 32
2	26 67	28	18 67	28	354 66
3	40 »	27	18 »	27	342 »
4	53 34	26	17 34	26	329 32
5	66 67	25	16 67	25	316 66
6	80 »	24	16 »	24	304 »
7	93 34	23	15 34	23	291 32
8	106 67	22	14 67	22	278 66
9	120 »	21	14 »	21	266 »
10	133 34	20	13 34	20	253 32
11	146 67	19	12 67	19	240 66
12	160 »	18	12 »	18	228 »
13	173 34	17	11 34	17	215 32
14	186 67	16	10 67	16	202 66
15	200 »	15	10 »	15	190 »
16	213 34	14	9 34	14	177 32
17	226 67	13	8 67	13	164 66
18	240 »	12	8 »	12	152 »
19	253 34	11	7 34	11	139 32
20	266 67	10	6 67	10	126 66
21	280 »	9	6 »	9	114 »
22	293 34	8	5 34	8	101 32
23	306 67	7	4 67	7	88 66
24	320 »	6	4 »	6	76 »
25	333 34	5	3 34	5	63 32
26	346 67	4	2 67	4	50 66
27	360 »	3	2 »	3	38 »
28	373 34	2	1 34	2	25 32
29	386 67	1	» 67	1	12 66
30	400 »	»	» »	»	» »

Traitement annuel de 5000 francs.

1.er TABLEAU.

Décompte du Traitement en cas de congé.

NOMBRE DE JOURS pendant lesquels l'employé est resté en congé.	AUX RETRAITES. — Moitié du traitement net pendant la durée du congé.		TRAITEMENT net revenant au titulaire.	
	Nombre de jours.	Montant des retenues.	Nombre de jours.	Montant des sommes.
»	» »	» »	30 »	395 82
1	» 1/2	6 60	29 1/2	389 22
2	1 »	13 20	29 »	382 62
3	1 1/2	19 80	28 1/2	376 02
4	2 »	26 39	28 »	369 43
5	2 1/2	32 99	27 1/2	362 83
6	3 »	39 59	27 »	356 23
7	3 1/2	46 18	26 1/2	349 64
8	4 »	52 78	26 »	343 04
9	4 1/2	59 38	25 1/2	336 44
10	5 »	65 97	25 »	329 85
11	5 1/2	72 57	24 1/2	323 25
12	6 »	79 17	24 »	316 65
13	6 1/2	85 77	23 1/2	310 05
14	7 »	92 36	23 »	303 46
15	7 1/2	98 96	22 1/2	296 86
16	8 »	105 56	22 »	290 26
17	8 1/2	112 15	21 1/2	283 67
18	9 »	118 75	21 »	277 07
19	9 1/2	125 35	20 1/2	270 47
20	10 »	131 95	20 »	263 87
21	10 1/2	138 54	19 1/2	257 28
22	11 »	145 14	19 »	250 68
23	11 1/2	151 74	18 1/2	244 08
24	12 »	158 33	18 »	237 49
25	12 1/2	164 93	17 1/2	230 89
26	13 »	171 53	17 »	224 29
27	13 1/2	178 12	16 1/2	217 70
28	14 »	184 72	16 »	211 10
29	14 1/2	191 32	15 1/2	204 50
30	15 »	197 91	15 »	197 91

2.e TABLEAU.

Décompte du Traitement en cas de vacance.

AU TRÉSOR. — Traitement brut de l'emploi vacant.		AUX RETRAITES. — 5 pour 100 sur le nombre de jours d'activité.		TRAITEMENT net revenant au titulaire.	
Nombre de jours de vacance.	Montant de la vacance.	Nombre de jours d'activité.	Montant des retenues.	Nombre de jours d'activité.	Montant des sommes.
»	» »	30	20 84	30	395 82
1	13 89	29	20 14	29	382 63
2	27 78	28	19 45	28	369 43
3	41 66	27	18 75	27	356 25
4	55 55	26	18 06	26	343 05
5	69 44	25	17 37	25	329 85
6	83 33	24	16 67	24	316 66
7	97 22	23	15 98	23	303 46
8	111 11	22	15 28	22	290 27
9	125 »	21	14 59	21	277 07
10	138 89	20	13 89	20	263 88
11	152 78	19	13 20	19	250 68
12	166 66	18	12 50	18	237 50
13	180 55	17	11 81	17	224 30
14	194 44	16	11 12	16	211 10
15	208 33	15	10 42	15	197 91
16	222 22	14	9 73	14	184 71
17	236 11	13	9 03	13	171 52
18	250 »	12	8 34	12	158 32
19	263 89	11	7 64	11	145 13
20	277 78	10	6 95	10	131 93
21	291 66	9	6 25	9	118 75
22	305 55	8	5 56	8	105 55
23	319 44	7	4 87	7	92 35
24	333 33	6	4 17	6	79 16
25	347 22	5	3 48	5	65 96
26	361 11	4	2 78	4	52 77
27	375 »	3	2 09	3	39 57
28	388 89	2	1 39	2	26 38
29	402 78	1	» 70	1	13 18
30	416 66	»	» »	»	» »

Traitement annuel de 5800 francs.

1.er TABLEAU.

Décompte du Traitement en cas de congé.

NOMBRE DE JOURS pendant lesquels l'employé est resté en congé.	AUX RETRAITES. — Moitié du traitement net pendant la durée du congé.		TRAITEMENT net revenant au titulaire.	
	Nombre de jours.	Montant des retenues.	Nombre de jours.	Montant des sommes.
»	» »	» »	30 »	459 16
1	» 1/2	7 66	29 1/2	451 50
2	1 »	15 31	29 »	443 85
3	1 1/2	22 96	28 1/2	436 20
4	2 »	30 62	28 »	428 54
5	2 1/2	38 27	27 1/2	420 89
6	3 »	45 92	27 »	413 24
7	3 1/2	53 57	26 1/2	405 59
8	4 »	61 23	26 »	397 93
9	4 1/2	68 88	25 1/2	390 28
10	5 »	76 53	25 »	382 63
11	5 1/2	84 18	24 1/2	374 98
12	6 »	91 84	24 »	367 32
13	6 1/2	99 49	23 1/2	359 67
14	7 »	107 14	23 »	352 02
15	7 1/2	114 79	22 1/2	344 37
16	8 »	122 45	22 »	336 71
17	8 1/2	130 10	21 1/2	329 06
18	9 »	137 75	21 »	321 41
19	9 1/2	145 41	20 1/2	313 75
20	10 »	153 06	20 »	306 10
21	10 1/2	160 71	19 1/2	298 45
22	11 »	168 36	19 »	290 80
23	11 1/2	176 02	18 1/2	283 14
24	12 »	183 67	18 »	275 49
25	12 1/2	191 32	17 1/2	267 84
26	13 »	198 97	17 »	260 19
27	13 1/2	206 63	16 1/2	252 53
28	14 »	214 28	16 »	244 88
29	14 1/2	221 93	15 1/2	237 23
30	15 »	229 58	15 »	229 58

2.e TABLEAU.

Décompte du Traitement en cas de vacance.

AU TRÉSOR. — Traitement brut de l'emploi vacant.		AUX RETRAITES. — 5 pour 100 sur le nombre de jours d'activité.		TRAITEMENT net revenant au titulaire.	
Nombre de jours de vacance.	Montant de la vacance.	Nombre de jours d'activité.	Montant des retenues.	Nombre de jours d'activité.	Montant des sommes.
»	» »	30	24 17	30	459 16
1	16 11	29	23 37	29	443 85
2	32 22	28	22 56	28	428 55
3	48 33	27	21 75	27	413 25
4	64 45	26	20 95	26	397 93
5	80 56	25	20 14	25	382 63
6	96 67	24	19 34	24	367 32
7	112 78	23	18 53	23	352 02
8	128 89	22	17 73	22	336 71
9	145 »	21	16 92	21	321 41
10	161 11	20	16 12	20	306 10
11	177 22	19	15 31	19	290 80
12	193 33	18	14 50	18	275 50
13	209 45	17	13 70	17	260 18
14	225 56	16	12 89	16	244 88
15	241 67	15	12 09	15	229 57
16	257 78	14	11 28	14	214 27
17	273 89	13	10 48	13	198 96
18	290 »	12	9 67	12	183 66
19	306 11	11	8 87	11	168 35
20	322 22	10	8 06	10	153 05
21	338 33	9	7 25	9	137 75
22	354 45	8	6 45	8	122 43
23	370 56	7	5 64	7	107 13
24	386 67	6	4 84	6	91 82
25	402 78	5	4 03	5	76 52
26	418 89	4	3 23	4	61 21
27	435 »	3	2 42	3	45 91
28	451 11	2	1 62	2	30 60
29	467 22	1	» 81	1	15 30
30	483 33	»	» »	»	» »

Traitement annuel de 6000 francs.

1.er TABLEAU.

Décompte du Traitement en cas de congé.

NOMBRE DE JOURS pendant lesquels l'employé est resté en congé.	AUX RETRAITES. — Moitié du traitement net pendant la durée du congé.		TRAITEMENT net revenant au titulaire.	
	Nombre de jours.	Montant des retenues.	Nombre de jours.	Montant des sommes.
»	» »	» »	30 »	475 »
1	» 1/2	7 92	29 1/2	467 08
2	1 »	15 84	29 »	459 16
3	1 1/2	23 75	28 1/2	451 25
4	2 »	31 67	28 »	443 33
5	2 1/2	39 59	27 1/2	435 41
6	3 »	47 50	27 »	427 50
7	3 1/2	55 42	26 1/2	419 58
8	4 »	63 34	26 »	411 66
9	4 1/2	71 25	25 1/2	403 75
10	5 »	79 17	25 »	395 83
11	5 1/2	87 09	24 1/2	387 91
12	6 »	95 »	24 »	380 »
13	6 1/2	102 92	23 1/2	372 08
14	7 »	110 84	23 »	364 16
15	7 1/2	118 75	22 1/2	356 25
16	8 »	126 67	22 »	348 33
17	8 1/2	134 59	21 1/2	340 41
18	9 »	142 50	21 »	332 50
19	9 1/2	150 42	20 1/2	324 58
20	10 »	158 34	20 »	316 66
21	10 1/2	166 25	19 1/2	308 75
22	11 »	174 17	19 »	300 83
23	11 1/2	182 09	18 1/2	292 91
24	12 »	190 »	18 »	285 »
25	12 1/2	197 92	17 1/2	277 08
26	13 »	205 84	17 »	269 16
27	13 1/2	213 75	16 1/2	261 25
28	14 »	221 67	16 »	253 33
29	14 1/2	229 59	15 1/2	245 41
30	15 »	237 50	15 »	237 50

2.e TABLEAU.

Décompte du Traitement en cas de vacance.

AU TRÉSOR. — Traitement brut de l'emploi vacant.		AUX RETRAITES. — 5 pour 100 sur le nombre de jours d'activité.		TRAITEMENT net revenant au titulaire.	
Nombre de jours de vacance.	Montant de la vacance.	Nombre de jours d'activité.	Montant des retenues.	Nombre de jours d'activité.	Montant des sommes.
»	» »	30	25 »	30	475 »
1	16 67	29	24 17	29	459 16
2	33 34	28	23 34	28	443 32
3	50 »	27	22 50	27	427 50
4	66 67	26	21 67	26	411 66
5	83 34	25	20 84	25	395 82
6	100 »	24	20 »	24	380 »
7	116 67	23	19 17	23	364 16
8	133 34	22	18 34	22	348 32
9	150 »	21	17 50	21	332 50
10	166 67	20	16 67	20	316 66
11	183 34	19	15 84	19	300 82
12	200 »	18	15 »	18	285 »
13	216 67	17	14 17	17	269 16
14	233 34	16	13 34	16	253 32
15	250 »	15	12 50	15	237 50
16	266 67	14	11 67	14	221 66
17	283 34	13	10 84	13	205 82
18	300 »	12	10 »	12	190 »
19	316 67	11	9 17	11	174 16
20	333 34	10	8 34	10	158 32
21	350 »	9	7 50	9	142 50
22	366 67	8	6 67	8	126 66
23	383 34	7	5 84	7	110 82
24	400 »	6	5 »	6	95 »
25	416 67	5	4 17	5	79 16
26	433 34	4	3 34	4	63 32
27	450 »	3	2 50	3	47 50
28	466 67	2	1 67	2	31 66
29	483 34	1	» 84	1	15 82
30	500 »	»	» »	»	» »

Traitement annuel de 8000 francs.

1.er TABLEAU.

Décompte du Traitement en cas de congé.

NOMBRE DE JOURS pendant lesquels l'employé est resté en congé.	AUX RETRAITES. — Moitié du traitement net pendant la durée du congé.		TRAITEMENT net revenant au titulaire.	
	Nombre de jours.	Montant des retenues.	Nombre de jours.	Montant des sommes.
»	» »	» »	30 »	633 32
1	» 1/2	10 56	29 1/2	622 76
2	1 »	21 12	29 »	612 20
3	1 1/2	31 67	28 1/2	601 65
4	2 »	42 23	28 »	591 09
5	2 1/2	52 78	27 1/2	580 54
6	3 »	63 34	27 »	569 98
7	3 1/2	73 89	26 1/2	559 43
8	4 »	84 45	26 »	548 87
9	4 1/2	95 »	25 1/2	538 32
10	5 »	105 56	25 »	527 76
11	5 1/2	116 11	24 1/2	517 21
12	6 »	126 67	24 »	506 65
13	6 1/2	137 22	23 1/2	496 10
14	7 »	147 78	23 »	485 54
15	7 1/2	158 33	22 1/2	474 99
16	8 »	168 89	22 »	464 43
17	8 1/2	179 45	21 1/2	453 87
18	9 »	190 »	21 »	443 32
19	9 1/2	200 56	20 1/2	432 76
20	10 »	211 11	20 »	422 21
21	10 1/2	221 67	19 1/2	411 65
22	11 »	232 22	19 »	401 10
23	11 1/2	242 78	18 1/2	390 54
24	12 »	253 33	18 »	379 99
25	12 1/2	263 89	17 1/2	369 43
26	13 »	274 44	17 »	358 88
27	13 1/2	285 »	16 1/2	348 32
28	14 »	295 55	16 »	337 77
29	14 1/2	306 11	15 1/2	327 21
30	15 »	316 66	15 »	316 66

2.e TABLEAU.

Décompte du Traitement en cas de vacance.

AU TRÉSOR. — Traitement brut de l'emploi vacant.		AUX RETRAITES. — 5 pour 100 sur le nombre de jours d'activité.		TRAITEMENT net revenant au titulaire.	
Nombre de jours de vacance.	Montant de la vacance.	Nombre de jours d'activité.	Montant des retenues.	Nombre de jours d'activité.	Montant des sommes.
»	» »	30	33 34	30	633 32
1	22 22	29	32 23	29	612 21
2	44 44	28	31 12	28	591 10
3	66 66	27	30 »	27	570 »
4	88 89	26	28 89	26	548 88
5	111 11	25	27 78	25	527 77
6	133 33	24	26 67	24	506 66
7	155 55	23	25 56	23	485 55
8	177 78	22	24 45	22	464 43
9	200 »	21	23 34	21	443 32
10	222 22	20	22 23	20	422 21
11	244 44	19	21 12	19	401 10
12	266 66	18	20 »	18	380 »
13	288 89	17	18 89	17	358 88
14	311 11	16	17 78	16	337 77
15	333 33	15	16 67	15	316 66
16	355 55	14	15 56	14	295 55
17	377 78	13	14 45	13	274 43
18	400 »	12	13 34	12	253 32
19	422 22	11	12 23	11	232 21
20	444 44	10	11 12	10	211 10
21	466 66	9	10 »	9	190 »
22	488 89	8	8 89	8	168 88
23	511 11	7	7 78	7	147 77
24	533 33	6	6 67	6	126 66
25	555 55	5	5 56	5	105 55
26	577 78	4	4 45	4	84 43
27	600 »	3	3 34	3	63 32
28	622 22	2	2 23	2	42 21
29	644 44	1	1 12	1	21 10
30	666 66	»	» »	»	» »

Traitement annuel de 8600 francs.

1.er TABLEAU.

Décompte du Traitement en cas de congé.

NOMBRE DE JOURS pendant lesquels l'employé est resté en congé.	AUX RETRAITES. — Moitié du traitement net pendant la durée du congé.		TRAITEMENT net revenant au titulaire.	
	Nombre de jours.	Montant des retenues.	Nombre de jours.	Montant des sommes.
»	» »	» »	30 »	680 82
1	» 1/2	11 35	29 1/2	669 47
2	1 »	22 70	29 »	658 12
3	1 1/2	34 05	28 1/2	646 77
4	2 »	45 39	28 »	635 43
5	2 1/2	56 74	27 1/2	624 08
6	3 »	68 09	27 »	612 73
7	3 1/2	79 45	26 1/2	601 39
8	4 »	90 78	26 »	590 04
9	4 1/2	102 13	25 1/2	578 69
10	5 »	113 47	25 »	567 35
11	5 1/2	124 82	24 1/2	556 »
12	6 »	136 17	24 »	544 65
13	6 1/2	147 52	23 1/2	533 30
14	7 »	158 86	23 »	521 96
15	7 1/2	170 21	22 1/2	510 61
16	8 »	181 56	22 »	499 26
17	8 1/2	192 90	21 1/2	487 92
18	9 »	204 25	21 »	476 57
19	9 1/2	215 60	20 1/2	465 22
20	10 »	226 94	20 »	453 88
21	10 1/2	238 29	19 1/2	442 53
22	11 »	249 64	19 »	431 18
23	11 1/2	260 99	18 1/2	419 83
24	12 »	272 33	18 »	408 49
25	12 1/2	283 68	17 1/2	397 14
26	13 »	295 03	17 »	385 79
27	13 1/2	306 37	16 1/2	374 45
28	14 »	317 72	16 »	363 10
29	14 1/2	329 07	15 1/2	351 75
30	15 »	340 41	15 »	340 41

2.e TABLEAU.

Décompte du Traitement en cas de vacance.

AU TRÉSOR. — Traitement brut de l'emploi vacant.		AUX RETRAITES. — 5 pour 100 sur le nombre de jours d'activité.		TRAITEMENT net revenant au titulaire.	
Nombre de jours de vacance.	Montant de la vacance.	Nombre de jours d'activité.	Montant des retenues.	Nombre de jours d'activité.	Montant des sommes.
»	» »	30	35 84	30	680 82
1	23 89	29	34 64	29	658 13
2	47 78	28	33 45	28	635 43
3	71 66	27	32 25	27	612 75
4	95 55	26	31 06	26	590 05
5	119 44	25	29 87	25	567 35
6	143 33	24	28 67	24	544 66
7	167 22	23	27 48	23	521 96
8	191 11	22	26 28	22	499 27
9	215 »	21	25 09	21	476 57
10	238 89	20	23 89	20	453 88
11	262 78	19	22 70	19	431 18
12	286 66	18	21 50	18	408 50
13	310 55	17	20 31	17	385 80
14	334 44	16	19 12	16	363 10
15	358 33	15	17 92	15	340 41
16	382 22	14	16 73	14	317 71
17	406 11	13	15 53	13	295 02
18	430 »	12	14 34	12	272 32
19	453 89	11	13 14	11	249 63
20	477 78	10	11 95	10	226 93
21	501 66	9	10 75	9	204 25
22	525 55	8	9 56	8	181 55
23	549 44	7	8 37	7	158 85
24	573 33	6	7 17	6	136 16
25	597 22	5	5 98	5	113 46
26	621 11	4	4 78	4	90 77
27	645 »	3	3 59	3	68 07
28	668 89	2	2 39	2	45 38
29	692 78	1	1 20	1	22 68
30	716 66	»	» »	»	» »

Traitement annuel de 9000 francs.

1.er TABLEAU.

Décompte du Traitement en cas de congé.

NOMBRE DE JOURS pendant lesquels l'employé est resté en congé.	AUX RETRAITES. — Moitié du traitement net pendant la durée du congé.		TRAITEMENT net revenant au titulaire.	
	Nombre de jours.	Montant des retenues.	Nombre de jours.	Montant des sommes.
»	» »	» »	30 »	712 50
1	» 1/2	11 88	29 1/2	700 62
2	1 »	23 75	29 »	688 75
3	1 1/2	35 63	28 1/2	676 87
4	2 »	47 50	28 »	665 »
5	2 1/2	59 38	27 1/2	653 12
6	3 »	71 25	27 »	641 25
7	3 1/2	83 13	26 1/2	629 37
8	4 »	95 »	26 »	617 50
9	4 1/2	106 88	25 1/2	605 62
10	5 »	118 75	25 »	593 75
11	5 1/2	130 63	24 1/2	581 87
12	6 »	142 50	24 »	570 »
13	6 1/2	154 38	23 1/2	558 12
14	7 »	166 25	23 »	546 25
15	7 1/2	178 13	22 1/2	534 37
16	8 »	190 »	22 »	522 50
17	8 1/2	201 88	21 1/2	510 62
18	9 »	213 75	21 »	498 75
19	9 1/2	225 63	20 1/2	486 87
20	10 »	237 50	20 »	475 »
21	10 1/2	249 38	19 1/2	463 12
22	11 »	261 25	19 »	451 25
23	11 1/2	273 13	18 1/2	439 37
24	12 »	285 »	18 »	427 50
25	12 1/2	296 88	17 1/2	415 62
26	13 »	308 75	17 »	403 75
27	13 1/2	320 63	16 1/2	391 87
28	14 »	332 50	16 »	380 »
29	14 1/2	344 38	15 1/2	368 12
30	15 »	356 25	15 »	356 25

2.e TABLEAU.

Décompte du Traitement en cas de vacance.

AU TRÉSOR. — Traitement brut de l'emploi vacant.		AUX RETRAITES. — 5 pour 100 sur le nombre de jours d'activité.		TRAITEMENT net revenant au titulaire.	
Nombre de jours de vacance.	Montant de la vacance.	Nombre de jours d'activité.	Montant des retenues.	Nombre de jours d'activité.	Montant des sommes.
»	» »	30	37 50	30	712 50
1	25 »	29	36 25	29	688 75
2	50 »	28	35 »	28	665 »
3	75 »	27	33 75	27	641 25
4	100 »	26	32 50	26	617 50
5	125 »	25	31 25	25	593 75
6	150 »	24	30 »	24	570 »
7	175 »	23	28 75	23	546 25
8	200 »	22	27 50	22	522 50
9	225 »	21	26 25	21	498 75
10	250 »	20	25 »	20	475 »
11	275 »	19	23 75	19	451 25
12	300 »	18	22 50	18	427 50
13	325 »	17	21 25	17	403 75
14	350 »	16	20 »	16	380 »
15	375 »	15	18 75	15	356 25
16	400 »	14	17 50	14	332 50
17	425 »	13	16 25	13	308 75
18	450 »	12	15 »	12	285 »
19	475 »	11	13 75	11	261 25
20	500 »	10	12 50	10	237 50
21	525 »	9	11 25	9	213 75
22	550 »	8	10 »	8	190 »
23	575 »	7	8 75	7	166 25
24	600 »	6	7 50	6	142 50
25	625 »	5	6 25	5	118 75
26	650 »	4	5 »	4	95 »
27	675 »	3	3 75	3	71 25
28	700 »	2	2 50	2	47 50
29	725 »	1	1 25	1	23 75
30	750 »	»	» »	»	» »

Traitement annuel de 9500 francs.

1.er TABLEAU.

Décompte du Traitement en cas de congé.

NOMBRE DE JOURS pendant lesquels l'employé est resté en congé.	AUX RETRAITES. — Moitié du traitement net pendant la durée du congé.		TRAITEMENT net revenant au titulaire.	
	Nombre de jours.	Montant des retenues.	Nombre de jours.	Montant des sommes.
»	» »	» »	30 »	752 07
1	» 1/2	12 54	29 1/2	739 53
2	1 »	25 07	29 »	727 »
3	1 1/2	37 61	28 1/2	714 46
4	2 »	50 14	28 »	701 93
5	2 1/2	62 68	27 1/2	689 39
6	3 »	75 21	27 »	676 86
7	3 1/2	87 75	26 1/2	664 32
8	4 »	100 28	26 »	651 79
9	4 1/2	112 82	25 1/2	639 25
10	5 »	125 35	25 »	626 72
11	5 1/2	137 88	24 1/2	614 19
12	6 »	150 42	24 »	601 65
13	6 1/2	162 95	23 1/2	589 12
14	7 »	175 49	23 »	576 58
15	7 1/2	188 02	22 1/2	564 05
16	8 »	200 56	22 »	551 51
17	8 1/2	213 09	21 1/2	538 98
18	9 »	225 63	21 »	526 44
19	9 1/2	238 16	20 1/2	513 91
20	10 »	250 69	20 »	501 38
21	10 1/2	263 23	19 1/2	488 84
22	11 »	275 76	19 »	476 31
23	11 1/2	288 30	18 1/2	463 77
24	12 »	300 83	18 »	451 24
25	12 1/2	313 37	17 1/2	438 70
26	13 »	325 90	17 »	426 17
27	13 1/2	338 44	16 1/2	413 63
28	14 »	350 97	16 »	401 10
29	14 1/2	363 51	15 1/2	388 56
30	15 »	376 04	15 »	376 03

2.e TABLEAU.

Décompte du Traitement en cas de vacance.

AU TRÉSOR. — Traitement brut de l'emploi vacant.		AUX RETRAITES. — 5 pour 100 sur le nombre de jours d'activité.		TRAITEMENT net revenant au titulaire.	
Nombre de jours de vacance.	Montant de la vacance.	Nombre de jours d'activité.	Montant des retenues.	Nombre de jours d'activité.	Montant des sommes.
»	» »	30	39 59	30	752 07
1	26 39	29	38 27	29	727 »
2	52 78	28	36 95	28	701 93
3	79 16	27	35 63	27	676 87
4	105 55	26	34 31	26	651 80
5	131 94	25	32 99	25	626 73
6	158 33	24	31 67	24	601 66
7	184 72	23	30 35	23	576 59
8	211 11	22	29 03	22	551 52
9	237 50	21	27 71	21	526 45
10	263 89	20	26 39	20	501 38
11	290 28	19	25 07	19	476 31
12	316 66	18	23 75	18	451 25
13	343 05	17	22 44	17	426 17
14	369 44	16	21 12	16	401 10
15	395 83	15	19 80	15	376 03
16	422 22	14	18 48	14	350 96
17	448 61	13	17 16	13	325 89
18	475 »	12	15 84	12	300 82
19	501 39	11	14 52	11	275 75
20	527 78	10	13 20	10	250 68
21	554 16	9	11 88	9	225 62
22	580 55	8	10 56	8	200 55
23	606 94	7	9 24	7	175 48
24	633 33	6	7 92	6	150 41
25	659 72	5	6 60	5	125 34
26	686 11	4	5 28	4	100 27
27	712 50	3	3 96	3	75 20
28	738 89	2	2 64	2	50 13
29	765 28	1	1 32	1	25 06
30	791 66	»	» »	»	» »

Traitement annuel de 10000 francs.

1.er TABLEAU.

Décompte du Traitement en cas de congé.

NOMBRE DE JOURS pendant lesquels l'employé est resté en congé.	AUX RETRAITES. — Moitié du traitement net pendant la durée du congé.		TRAITEMENT net revenant au titulaire.	
	Nombre de jours.	Montant des retenues.	Nombre de jours.	Montant des sommes.
»	» »	» »	30 »	791 66
1	» 1/2	13 20	29 1/2	778 46
2	1 »	26 39	29 »	765 27
3	1 1/2	39 59	28 1/2	752 07
4	2 »	52 78	28 »	738 88
5	2 1/2	65 98	27 1/2	725 68
6	3 »	79 17	27 »	712 49
7	3 1/2	92 37	26 1/2	699 29
8	4 »	105 56	26 »	686 10
9	4 1/2	118 75	25 1/2	672 91
10	5 »	131 95	25 »	659 71
11	5 1/2	145 14	24 1/2	646 52
12	6 »	158 34	24 »	633 32
13	6 1/2	171 53	23 1/2	620 13
14	7 »	184 73	23 »	606 93
15	7 1/2	197 92	22 1/2	593 74
16	8 »	211 11	22 »	580 55
17	8 1/2	224 31	21 1/2	567 35
18	9 »	237 50	21 »	554 16
19	9 1/2	250 70	20 1/2	540 96
20	10 »	263 89	20 »	527 77
21	10 1/2	277 09	19 1/2	514 57
22	11 »	290 28	19 »	501 38
23	11 1/2	303 47	18 1/2	488 19
24	12 »	316 67	18 »	474 99
25	12 1/2	329 86	17 1/2	461 80
26	13 »	343 06	17 »	448 60
27	13 1/2	356 25	16 1/2	435 41
28	14 »	369 45	16 »	422 21
29	14 1/2	382 64	15 1/2	409 02
30	15 »	395 83	15 »	395 83

2.e TABLEAU.

Décompte du Traitement en cas de vacance.

AU TRÉSOR. — Traitement brut de l'emploi vacant.		AUX RETRAITES. — 5 pour 100 sur le nombre de jours d'activité.		TRAITEMENT net revenant au titulaire.	
Nombre de jours de vacance.	Montant de la vacance.	Nombre de jours d'activité.	Montant des retenues.	Nombre de jours d'activité.	Montant des sommes.
»	» »	30	41 67	30	791 66
1	27 78	29	40 28	29	765 27
2	55 56	28	38 89	28	738 88
3	83 33	27	37 50	27	712 50
4	111 11	26	36 12	26	686 10
5	138 89	25	34 73	25	659 71
6	166 67	24	33 34	24	633 32
7	194 45	23	31 95	23	606 93
8	222 22	22	30 56	22	580 55
9	250 »	21	29 17	21	554 16
10	277 78	20	27 78	20	527 77
11	305 56	19	26 39	19	501 38
12	333 33	18	25 »	18	475 »
13	361 11	17	23 62	17	448 60
14	388 89	16	22 23	16	422 21
15	416 67	15	20 84	15	395 82
16	444 45	14	19 45	14	369 43
17	472 22	13	18 06	13	343 05
18	500 »	12	16 67	12	316 66
19	527 78	11	15 28	11	290 27
20	555 56	10	13 89	10	263 88
21	583 33	9	12 50	9	237 50
22	611 11	8	11 12	8	211 10
23	638 89	7	9 73	7	184 71
24	666 67	6	8 34	6	158 32
25	694 45	5	6 95	5	131 93
26	722 22	4	5 56	4	105 55
27	750 »	3	4 17	3	79 16
28	777 78	2	2 78	2	52 77
29	805 56	1	1 39	1	26 38
30	833 33	»	» »	»	» »

Traitement annuel de 11000 francs.

1.er TABLEAU.

Décompte du Traitement en cas de congé.

NOMBRE DE JOURS pendant lesquels l'employé est resté en congé.	AUX RETRAITES. — Moitié du traitement net pendant la durée du congé.		TRAITEMENT net revenant au titulaire.	
	Nombre de jours.	Montant des retenues.	Nombre de jours.	Montant des sommes.
»	» »	» »	30 »	870 82
1	» 1/2	14 52	29 1/2	856 30
2	1 »	29 03	29 »	841 79
3	1 1/2	43 55	28 1/2	827 27
4	2 »	58 06	28 »	812 76
5	2 1/2	72 57	27 1/2	798 25
6	3 »	87 09	27 »	783 73
7	3 1/2	101 60	26 1/2	769 22
8	4 »	116 11	26 »	754 71
9	4 1/2	130 63	25 1/2	740 19
10	5 »	145 14	25 »	725 68
11	5 1/2	159 66	24 1/2	711 16
12	6 »	174 17	24 »	696 65
13	6 1/2	188 68	23 1/2	682 14
14	7 »	203 20	23 »	667 62
15	7 1/2	217 71	22 1/2	653 11
16	8 »	232 22	22 »	638 60
17	8 1/2	246 74	21 1/2	624 08
18	9 »	261 25	21 »	609 57
19	9 1/2	275 76	20 1/2	595 06
20	10 »	290 28	20 »	580 54
21	10 1/2	304 79	19 1/2	566 03
22	11 »	319 31	19 »	551 51
23	11 1/2	333 82	18 1/2	537 »
24	12 »	348 33	18 »	522 49
25	12 1/2	362 85	17 1/2	507 97
26	13 »	377 36	17 »	493 46
27	13 1/2	391 87	16 1/2	478 95
28	14 »	406 39	16 »	464 43
29	14 1/2	420 90	15 1/2	449 92
30	15 »	435 41	15 »	435 41

2.e TABLEAU.

Décompte du Traitement en cas de vacance.

AU TRÉSOR. — Traitement brut de l'emploi vacant.		AUX RETRAITES. — 5 pour 100 sur le nombre de jours d'activité.		TRAITEMENT net revenant au titulaire.	
Nombre de jours de vacance.	Montant de la vacance.	Nombre de jours d'activité.	Montant des retenues.	Nombre de jours d'activité.	Montant des sommes.
»	» »	30	45 84	30	870 82
1	30 55	29	44 31	29	841 80
2	61 11	28	42 78	28	812 77
3	91 66	27	41 25	27	783 75
4	122 22	26	39 73	26	754 71
5	152 78	25	38 20	25	725 68
6	183 33	24	36 67	24	696 66
7	213 89	23	35 14	23	667 63
8	244 44	22	33 62	22	638 60
9	275 »	21	32 09	21	609 57
10	305 55	20	30 56	20	580 55
11	336 11	19	29 03	19	551 52
12	366 66	18	27 50	18	522 50
13	397 22	17	25 98	17	493 46
14	427 78	16	24 45	16	464 43
15	458 33	15	22 92	15	435 41
16	488 89	14	21 39	14	406 38
17	519 44	13	19 87	13	377 35
18	550 »	12	18 34	12	348 32
19	580 55	11	16 81	11	319 30
20	611 11	10	15 28	10	290 27
21	641 66	9	13 75	9	261 25
22	672 22	8	12 23	8	232 21
23	702 78	7	10 70	7	203 18
24	733 33	6	9 17	6	174 16
25	763 89	5	7 64	5	145 13
26	794 44	4	6 12	4	116 10
27	825 »	3	4 59	3	87 07
28	855 55	2	3 06	2	58 05
29	886 11	1	1 53	1	29 02
30	916 66	»	» »	»	» »

Traitement annuel de 12000 francs.

1.er TABLEAU.

Décompte du Traitement en cas de congé.

NOMBRE DE JOURS pendant lesquels l'employé est resté en congé.	AUX RETRAITES. — Moitié du traitement net pendant la durée du congé.		TRAITEMENT net revenant au titulaire.	
	Nombre de jours.	Montant des retenues.	Nombre de jours.	Montant des sommes.
»	» »	» »	30 »	950 »
1	» 1/2	15 84	29 1/2	934 16
2	1 »	31 67	29 »	918 33
3	1 1/2	47 50	28 1/2	902 50
4	2 »	63 34	28 »	886 66
5	2 1/2	79 17	27 1/2	870 83
6	3 »	95 »	27 »	855 »
7	3 1/2	110 84	26 1/2	839 16
8	4 »	126 67	26 »	823 33
9	4 1/2	142 50	25 1/2	807 50
10	5 »	158 34	25 »	791 66
11	5 1/2	174 17	24 1/2	775 83
12	6 »	190 »	24 »	760 »
13	6 1/2	205 84	23 1/2	744 16
14	7 »	221 67	23 »	728 33
15	7 1/2	237 50	22 1/2	712 50
16	8 »	253 34	22 »	696 66
17	8 1/2	269 17	21 1/2	680 83
18	9 »	285 »	21 »	665 »
19	9 1/2	300 84	20 1/2	649 16
20	10 »	316 67	20 »	633 33
21	10 1/2	332 50	19 1/2	617 50
22	11 »	348 34	19 »	601 66
23	11 1/2	364 17	18 1/2	585 83
24	12 »	380 »	18 »	570 »
25	12 1/2	395 84	17 1/2	554 16
26	13 »	411 67	17 »	538 33
27	13 1/2	427 50	16 1/2	522 50
28	14 »	443 34	16 »	506 66
29	14 1/2	459 17	15 1/2	490 83
30	15 »	475 »	15 »	475 »

2.e TABLEAU.

Décompte du Traitement en cas de vacance.

AU TRÉSOR. — Traitement brut de l'emploi vacant.		AUX RETRAITES. — 5 pour 100 sur le nombre de jours d'activité.		TRAITEMENT net revenant au titulaire.	
Nombre de jours de vacance.	Montant de la vacance.	Nombre de jours d'activité.	Montant des retenues.	Nombre de jours d'activité.	Montant des sommes.
»	» »	30	50 »	30	950 »
1	33 34	29	48 34	29	918 32
2	66 67	28	46 67	28	886 66
3	100 »	27	45 »	27	855 »
4	133 34	26	43 34	26	823 32
5	166 67	25	41 67	25	791 66
6	200 »	24	40 »	24	760 »
7	233 34	23	38 34	23	728 32
8	266 67	22	36 67	22	696 66
9	300 »	21	35 »	21	665 »
10	333 34	20	33 34	20	633 32
11	366 67	19	31 67	19	601 66
12	400 »	18	30 »	18	570 »
13	433 34	17	28 34	17	538 32
14	466 67	16	26 67	16	506 66
15	500 »	15	25 »	15	475 »
16	533 34	14	23 34	14	443 32
17	566 67	13	21 67	13	411 66
18	600 »	12	20 »	12	380 »
19	633 34	11	18 34	11	348 32
20	666 67	10	16 67	10	316 66
21	700 »	9	15 »	9	285 »
22	733 34	8	13 34	8	253 32
23	766 67	7	11 67	7	221 66
24	800 »	6	10 »	6	190 »
25	833 34	5	8 34	5	158 32
26	866 67	4	6 67	4	126 66
27	900 »	3	5 »	3	95 »
28	933 34	2	3 34	2	63 32
29	966 67	1	1 67	1	31 66
30	1000 »	»	» »	[illegible]	» »

www.ingramcontent.com/pod-product-compliance
Lightning Source LLC
LaVergne TN
LVHW050433160826
845677LV00002BA/695

9782329679945